KB143051

안밥모
베스트
유아식

밥태기 극복하는 네이버 대표카페 안밥모 히트 레시피

recipe idea
194

안밥모
베스트
유아식

이샘×최지은 지음

래디시

평범한 레시피로는
안밥이를 만족시킬 수 없다

"애들은 무조건 잘 먹어"라는
예상을 깨고 태어난 '안밥이'

미혼일 때 식당에서 돌아다니는 아이를 따라다니며 밥을 먹이는 부모를 보면서 생각했습니다. '저렇게 하면 식습관이 엉망이 될 텐데….' 밥을 먹기 싫다는 아이에게 억지로 떠먹이는 부모를 보면서는 이렇게 생각했지요. '굶기면 배고파서 먹을 텐데….' 그때의 저는 완벽하게 육아를 할 수 있다고 생각했습니다. 모두 저의 뜻대로, 이론대로, 정석대로 말이에요.

학창 시절, 주어진 환경에서 최선을 다해 공부하니 원하는 대학에 입학할 수 있었습니다. 대학 시절, 동시통역사가 꿈인 저는 잠을 줄이고 2년간 종로에서 고시 생활을 한 끝에 바라던 통번역대학원에 합격할 수 있었습니다. 대학원 졸업 후에는 언론사에 입사하여 외국어 뉴스 기자가 되었지요. 모든 것은 노력의 결실이었고 노력만 한다면 뜻대로 된다고 생각했습니다.

출산과 육아도 아주 쉽게 생각했습니다. 노력만 한다면 무엇이든 할 수 있다는 자신감에 가득 차 있었으니까요. 원하는 시기에 결혼을 해서 아이를 낳고 출산을 하기까지는 매우 순조로웠습니다. 이제 우리 아이는 저의 뜻대로 크는 일만 남았다고 생각했지요. 하지만 '역대급 반전'이 기다리고 있었습니다!

〈아빠! 어디 가?〉를 비롯한 각종 육아 프로그램이 유행하던 시절이었습니다. TV 속의 아이들은 하나같이 먹성이 좋았습니다. 복스럽게 먹는 모습을 보면서 행복한 상상을 했습니다. '내 아이도 저렇게 잘 먹겠지? 너무 잘 먹으면 어떡하지? 요리 학원이라도 다녀야 하나?'라며 피식 웃기까지 했으니 얼마나 오만했는지요.

아이가 태어나자 무언가 크게 잘못되었다는 사실을 깨달았습니다. 다른 아이들은 200ml씩 원샷한다는 분유를 50ml만 먹고 거부하는 일이 반복되었습니다. 하루 총량이 1000ml가 넘는다는 주변 아이들을 보면서 조급함이 생기기 시작했지요. '오늘만 안 먹는 거겠지'라고 생각하며 현실을 부정해보기도 했습니다. 하지만 하루, 이틀, 그렇게 한 달, 두 달, 1년이 지나고 있었습니다.

분유를 안 먹는다면 이유식은 잘 먹을 거라는 기대도 보기 좋게 빗나갔습니다. 모든 이유식을 한두 숟갈만 기미상궁처럼 맛보던 우리 아들은 이유식 거부 행진을 이어나갔고 나의 마음은 조급함을 넘어 우울감과 죄책감으로 발전해갔습니다. 안 먹으니 체중이 적게 나가는 건 당연했지요. 밖에 데리고 나가면 "많이 좀 먹여야겠다", "엄마가 요리 실력을 키워야겠다"라는 엄마 책임론이 대두됐지요. 일부 할머니들은 아직 말도 못 알아듣는 아들에게 "너희 엄마가 맛있는 거 안 해주나보네!" 하고 웃으며 저의 마음에 비수를 꽂았습니다. 모든 게 내 탓 같았고 어디서부터 잘못된 건지 알 수 없기에 한숨이 깊어져갔습니다.

아들이 한창 말을 배우며 엄마를 "음머", 아빠를 "음빠"라고 부르기 시작할 때였지요. 평소처럼 밥을 만들어 아들에게 가져가던 순간 아주 정확한 발음으로 외쳤습니다. "안밥!" 본인의 강렬한 의지를 보여주는 그 말에 저는 너무 놀라 웃음이 났습니다. "세상에, 얼마나 밥을 먹기 싫었으면 엄마, 아빠 다음에 한

말이 '안밥'일까?" 그렇게 우리 아들이 세상에 태어나 세 번째로 외친 말은 '안밥(밥 먹기 싫다는 뜻)'으로 기록되었습니다.

안 먹는 이유를 알기 위해 인터넷을 뒤졌지만 그 어디에도 잘 먹어서 고민인 엄마들만 있을 뿐 안 먹는 엄마들의 이야기는 없었습니다. 영양 괴잉만 이슈일 뿐 안 먹는 아이에 대한 기사들은 찾아보기 힘들었습니다. 그러던 사이 어느새 시간은 흘러 아이는 6살이 되었습니다. 이대로는 너무 힘들어 '그래, 내가 만들어보자! 안 먹는 아이를 키우는 엄마들을 모아보자!'라는 즉흥적인 생각으로 인터넷 카페를 만들었고, 카페 이름은 아들이 태어나서 세 번째로 외친 그 단어 '안밥'과 어미 '모(母)'를 합쳐 '안밥모'로 정했습니다. 즉, "안밥"을 외치는 아이들을 둔 엄마들의 모임이었지요. 그렇게 〈안밥모〉 카페가 탄생했습니다.

안 먹는 아이를 둔 부모를 위한
특별한 유아식책

〈안밥모〉 카페에서 비슷한 처지의 엄마들과 소통하다 보니 숨통이 좀 트였습니다. "아! 우리 아이만 안 먹는 게 아니었구나!" 벼랑 끝에 있던 육아의 길에서 조금씩 희망을 찾을 수 있었습니다. 그리고 우리는 '그나마 잘 먹는' 요리들을 조금씩 공유하기 시작했습니다. 일반 요리책에는 나오지 않는 신박한 아이디어의 향연이었습니다. 처음에는 '이렇게 한다고 먹어줄까?'라고 생각했지만, 안밥이들 역시 반전의 연속이었습니다. 일반적인 레시피가 아닌, 조금 특이한 레시피였지만 성공 확률이 예전보다 높아졌습니다.

그렇게 조금씩 〈안밥모〉 카페만의 특별한 유아식 레시피가 쌓여갈 때쯤, 〈안밥모〉 카페에 공유된 레시피들이 네이버 메인 화면에 노출되기 시작했고 이 레시피들을 보고 더욱 더 많은 안밥이 부모님들의 가입이 시작되었습니다. "와! 이 방법이 통할 줄 몰랐어요!", "안밥모 레시피는 그나마 통하네요!" 이런 글들을 읽을 때마다 카페를 만든 보람을 느꼈지요.

안밥이들의 가장 큰 특징 중 하나가 '열심히 만들수록 안 먹는다'는 것입니다. 그렇기에 복잡한 레시피들은 과감히 배제했습니다. 간단하게 시도해볼 수 있는 레시피, 실패해도 투자한 시간이 아깝지 않은 레시피들로 구성하고자 노력했습니다. 평범한 레시피로는 그들을 만족시킬 수 없기에 조금은 특이하지만 특별한 안밥모 레시피북이 탄생하게 되었습니다. 카페에 흩어져 있는 인기 레시피들을 한 권의 책으로 구성했기에 '오늘은 또 뭐를 차려줘야 하나' 고민이 될 때 쓱 펼쳐보고 간편하게 한 상 차리는 데 도움이 될 것입니다.

안밥모 레시피북 출간을 처음부터 긍정적으로 검토해주고 힘을 북돋아준 래디시 출판사의 이새봄 대표님께 깊은 감사의 인사를 전합니다. 흩어져 있는 안밥모 레시피들을 발전시켜 직접 요리해준 안밥모 공식 요리사 최지은(라라) 님이 없었다면 출간은 엄두도 안 났을 것입니다. 라라 님 덕분에 영양만점 맛보장 특급 레시피가 완성되어 특별한 감사의 인사를 드립니다. 앞으로 이 책이 전국의 안밥이를 키우는 부모님들에게 한줄기 빛과 같은 존재가 되길 바랍니다. 물론 이 책의 레시피는 잘 먹는 아이(잘밥이)들이 먹어도 아주 좋습니다. '잘밥이'들은 무엇을 차려줘도 잘 먹으니 오늘은 색다른 레시피로 손쉽게 한 상 차려보면 어떨까요?

전국의 안밥이들이 잘 먹게 되는 그날까지! 안밥모들의 레시피 공유는 계속될 것입니다.

〈안밥모〉 대표 이샘

안 먹는 아이로 인해 힘든 시간을
보내고 있을 나와 같은 분들을 위해

41주를 가득 채우고 태어난 우리 아이의 몸무게는 2.9kg였습니다. 출산 후 조리원에서 "아이가 분유를 끊어 먹어요", "수유량이 적어 텀이 짧아 수유콜이 자주 있으니 빨리 와주세요"라는 말을 들으면서도, 그저 다른 아이들도 비슷할 것이며, 다른 산모들도 으레 듣는 이야기인 줄 알았답니다. 비슷한 또래를 키우는 엄마들 모임에서 안밥이는 우리 아이 단 한 명이라는 것을 알게 되면서, 저에게 참 특별한 아이가 왔다는 것을 알게 되었어요.

비슷한 시기의 아이들이 먹는 하루 수유 총량에 비해 턱없이 양이 부족한 우리 아이가 '안밥이'라는 것을 받아들이는 데는 사실 꽤 많은 시간이 걸렸어요. '왜 우리 아이는 다른 아이들처럼 먹지 않는 것일까?'라는 생각에 다른 분유로 바꿔야 하는지, 젖병이 맞지 않는 것인지, 수유 자세가 잘못된 것인지, 안 먹는 문제가 양육자인 저의 실수나 무지 때문인 것은 아닌지…. 아이에게 미안한 마음이 가장 컸어요. 안 먹는 아이를 키우는 것은 정말 힘들고 지치는 일이기에 하늘도 원망하고 때로는 화가 나기도 했답니다.

수유량이 적은 아이가 되려 이유식을 잘 먹을 수도 있다는 이야기를 듣고, 남들보다 조금 일찍 시작한 이유식의 세계는 더욱 처참했습니다. 묽기가 맞지 않는 걸까, 입자를 더 곱게 갈아야 하나, 어느 순간 숟가락만 보면 자지러지는 아이를 위해서 맨손으로도 먹여보고, 파우치 이유식도 먹여보고, 이유식 조리 방법도 바꾸어보고, 시판 이유식도 먹여보았어요. 숟가락의 크기, 길이, 두께가 맞지 않는 걸까 싶어 이것저것 사본 이유식 숟가락이 서랍을 가득 채우는 순간이 되고서야 조금씩 아이의 마음을 이해할 수 있게 되었습니다.

권장 개월 수에 맞춰 착착 단계를 올려가는 이유식도 역시나 어려운 일이었어요. 중기 이유식 단계에서 멈춘 후 후기 이유식을 먹지 못하는 우리 아이는 12개월이 되었어요. 이유식을 졸업하고 유아식으로 넘어가고도 남을 시기에, 여전히 이유식에 머물러 있는 아이를 보면 안쓰럽기도 했답니다. 주변 친구들이 유아식을 시작하고 닭다리를 두 손으로 들고 뜯으며 엄마가 만든 음식을 입 안 가득 넣는 장면을 보면 그저 신기하고 부럽기도 했지만, 음식을 받아들이는 우리 아이만의 속도가 있는 것이라 생각하며 기다려주는 것밖에 방법이 없었어요. 그렇게 우리 아이는 20개월까지 작은 입자의 묽어서 삼키기 쉬운 중기 이유식을 먹었답니다.

'이번에는 먹어줄까?', '열심히 만들어서 또 버려지는 것일까?' 밥상을 차리면서 매 순간을 거절당하던 그때를 떠올리면 정말 힘든 시간이었지만, 한입이라도 더 먹여보고자 아이가 씹고 삼키기 쉽도록, 삶고 갈고 다지며 여러 방법으로 만들었던 요리들을 아이가 조금씩 먹기 시작하면서 특별한 레시피들이 탄생하게 되었어요.

그중 우리 아이가 가장 잘 먹고 좋아한 메뉴는 '소고기퓌레'였어요. 부드러운 음식을 좋아하는 아이를 위해 소고기를 잡내 없이 삶아 곱게 간 소고기퓌레를 만들어 이유식에 한 스푼씩 추가해서 고기 섭취량을 높였고, 볶음밥에도, 비빔밥에도, 한 그릇 음식에도 빠질 수 없는 메뉴가 되었어요. 밥을 먹지 않으려 할 때는 소고기퓌레에 밥, 간장, 참기름만 더해 비벼주면 한 그릇을 뚝딱 하고 잘 먹는 아이가 되었어요. 안 먹는 아이가 아니라 씹고 삼키기 불편해 먹지 '못'하는 아이였다는 것을 깨닫는 순간이었답니다. 소고기퓌레 덕분에 밥도 잘 먹고 맛있는 고기 '맛'을 알게 된 아이는 점차 구운 고기 등 다양한 소고기 요리도 잘 먹고 있어요.

〈안밥모〉 카페에는 아이들이 잘 먹는 특별한 레시피들이 하나둘 모이기 시작했고, 밥을 먹지 않는 아이도 〈안밥모〉 카페의 레시피 덕분에 잘 먹었다는 성공 후기들이 퍼지며 점차 유명해지기 시작했어요. 그냥 보고 지나치기엔 아쉽다, 더 많은 사람들에게 알려졌으면 좋겠다는 생각으로 안밥이 부모님들의 노력이 고스란히 담긴 소중한 안밥모 맞춤형 레시피들을 정리하는 데 동참하게 되었답니다.

고기를 좋아하는 아이, 채소를 좋아하는 아이, 부드러운 것을 좋아하는 아이, 바삭한 식감을 좋아하는 아이, 아삭한 씹는 맛을 좋아하는 아이 등 입맛도 다양한 아이들. 또 어릴 때와 달리 크면서 좋아하는 맛과 질감이 계속 변하기도 하더라고요. 우리 아이가 어떤 식감의 조리법과 식재료를 좋아하는지 탐색해보면서 다양한 도전을 해보세요. 안 먹는 아이를 한 스푼이라도 맛있게 더 먹일 수 있도록 탄생한 레시피들이 밥 안 먹는 아이로 고민의 시간을 보내고 있는 부모님들에게 아이를 이해할 수 있는 해답의 길을 알려줄 거예요.

"논에 물 들어가는 것과 자식 입에 밥 들어가는 것만큼 보기 좋은 것이 없다"라는 옛말이 있습니다. 보기만 해도 배부르고 기분 좋은 우리 아이들이 맛있게 밥 먹는 모습! 책을 통해서 그 즐거움을 느껴보세요.

〈안밥모〉 카페에는 '우리에게 안밥이가 오게 된 이유는 이 세상의 수많은 부모들 중 우리라면 안밥이를 잘 키울 수 있을 것이라는 하늘의 깊은 뜻'이라는 유명한 말이 공유되고 있어요. 오늘도 정말 고생 많았습니다. 이 세상의 안 먹는 아이를 키우는 부모님들에게 이 책이 따뜻한 위로가 되었으면 좋겠습니다.

귀하디 귀한 〈안밥모〉 레시피들이 널리 알려질 수 있도록 책 출간에 힘써주신 래디시 출판사의 이새봄 대표님, 안 먹는 아이를 키우는 고난과 역경이 나

혼자만 겪는 일이 아니라는 것을 알게 해주고 서로 위로를 나눌 수 있는 소통의 장을 만들어 지금까지 잘 이끌어주신 네이버 카페 〈안밥모〉 대표 이샘 님, 그리고 안밥이를 사랑하는 마음을 카페에 가득 채워주시는 안밥모 회원님들께 감사의 인사를 전합니다.

〈안밥모〉 카페 회원 최지은(라라)

contents

Part 1

안밥이를 위한
유아식 성공 노하우

Part 2

잘 먹는 아이로 키우는
안밥모 베스트 레시피

Chapter 1

영양 만점 고기 정복하기

Chapter 2

간단한 아침 식사

Chapter 3

꿀떡꿀떡 넘어가는
부드러운 식감의 요리

Chapter 4

씹는 맛이 즐거운
바삭한 식감의 요리

Chapter 5

편식 극복 한 그릇 음식

Chapter 9

고열량 간식으로 칼로리 높이기

Part 3
안밥이를 둔 엄마들의
생생한 후기 인터뷰

안밥이를 위한

유아식
성공 노하우

감칠맛을 내는 기본 비법

물 3L
대파 1단
양파 1개
당근 1개
애호박 1/2개
씨 뺀 사과 1/2개
무 1/4개

추가 선택 재료
표고버섯 등 기호에 따라
채소 적당히

채수

요리를 할 때 물 대신 채수를 사용하면 달콤하고 깊은 맛을 낼 수 있어요.

간단 레시피

1 재료들을 씻고 큼직하게 썰어요.

2 큰 냄비에 모든 재료를 넣고 강불에서 끓어오르면 중약불로 줄여 30분간 더 끓여요.

활용

1 모유 저장팩이나 육수 보관팩을 활용해 소분하여 냉동 보관하면 각종 국물 요리에 쉽게 사용할 수 있어요.
2 실리콘 큐브에 담아 얼려두고 채소 볶음 요리 과정에서 물 대신 하나씩 넣어 활용하면 좋아요.

물 500ml
소고기(우둔살) 600g
무 200g
당근 1개(70g)
마늘 3~4개
양파 1/2개
애호박 1/2개
사과 1/2개

추가 선택 재료
미역, 양배추, 배추,
검은콩 적당히

육수

국물만 먹는 아이들을 위해서 소고기와 갖은 채소로 맛
을 낸 육수예요.

간단 레시피

1 채소는 흐르는 물에 씻어 큼직하게 썰어요.

2 슬로우쿠커에 물을 부은 후 소고기와 각종 채소를 함께
넣고 12시간 이상 푹 끓여요.

활용

1 고기에 포함된 각종 수용성 물질이 국물에 우러나오기 때문에
요리의 육수로 사용하면 영양 만점이지요.

2 육수만으로도 맛있는 국물 요리가 되기 때문에 육수에 살짝 간을
해서 밥을 말아 먹거나 소면을 넣어 간단한 국수로 만들어서 주어
도 좋아요.

물 1L
멸치 10마리
다시마 2~3장
무 50g

추가 선택 재료
새우, 대파, 무, 디포리,
황태 등 적당히

멸치다시마육수

국물 요리에 가장 기본적으로 많이 사용하는 육수로 호
불호 없이 깊은 맛을 낼 수 있어요.

간단 레시피

1 냄비에 모든 재료를 넣고 끓어오르기 시작하면 5분 후
다시마를 건져요.

2 약불로 줄인 후 10분간 우려요.

활용

1 멸치는 길이가 5~7cm의 빛이 뽀얗고 모양이 반듯한 것으로 골
라주세요. 기름을 두르지 않은 팬에 넣고 약불로 바삭하게 볶거
나, 그릇에 고르게 깔아서 전자레인지에 넣고 1분 정도 돌리면
비린내 없이 구수한 맛을 낼 수 있어요.

2 다시마 표면에 쉽게 볼 수 있는 흰 가루는 '만니톨'이라고 하는
단맛을 내는 당분이라고 해요. 천연 조미료 역할을 하기 때문
에 씻거나 닦아내지 않고 그대로 사용하면 좋아요.

3 스텐망이나 국물팩 시트를 이용해서 건지면 깔끔한 육수를 만
들 수 있어요.

물 1L
다시마 20g

다시마 우린 물

'감칠맛'을 내는 MSG는 디시미에서 발견되었어요. 다시마에 있는 글루타메이트를 분리해 발효시켜 MSG를 만들었다고 해요. 끓이지 않아도 간편하게 다시마를 물에 우리면 감칠맛을 내는 기본 육수를 만들 수 있어요.

간단 레시피

1 미지근한 물에 다시마를 넣은 후 상온에 두고 30분 이상 우려요.

2 다시마는 건져내고 다시마 우린 물은 밀폐 용기에 담아 약 1주일 정도 냉장고에서 보관하여 사용할 수 있어요.

활용

모든 요리에 사용하는 육수는 기호에 따라 채수, 멸치다시마육수, 다시마 우린 물 등을 선택해서 활용할 수 있습니다.

양파 적당량

만능 양파볶음

양파 캐러멜라이징 또는 양파잼으로 불리는 간단한 양파 볶음 요리입니다.

간단 레시피

1 양파를 채로 썰거나 차퍼에 넣고 곱게 다져요.

2 팬에 양파만 넣고 약불에서 볶아요.

3 약 30분 이상 짙은 갈색이 될 때까지 저으면서 볶아요.

활용

1 음식의 캐러멜화 반응은 탄수화물이 고온에서 분해되고 산화 되면서 독특한 맛과 향을 내는 갈색의 작은 분자가 생성되는 것 을 말하는데, 양파를 볶으면 매운맛은 없어지고, 단맛과 풍미가 높아져요.

2 양파나 설탕이 들어가는 요리에 다양하게 활용할 수 있어요.

갈릭파우더, 어니언파우더

다진 마늘이나 양파를 이용하는 요리기 많은 한식에서 가루를 사용하면 입자에 예민한 아이들도 거부감 없이 맛있게 먹을 수 있어요. 갈릭파우더, 마늘분, 어니언파우더, 양파가루 등의 이름으로 마트나 인터넷 쇼핑몰에서 쉽게 구입할 수 있어요.

참치액젓

참치 베이스에 가쓰오부시, 피시소스 농축액 등으로 감칠맛을 내는 식재료예요. 볶음, 무침, 국 등 다양한 요리에 활용할 수 있어요. 참치액의 농도가 진하고 염도가 낮은 제품을 추천해요.

미소된장

된장에 가쓰오부시와 다시마로 맛을 낸 순한 된장이에요. 달콤하고 부드러운 된장으로 된장찌개나 된장국에 입문하는 아이들이 거부감 없이 먹기 좋아요.

칼로리 높이기

아이의 하루 섭취 열량의 30%는 지방으로 섭취해야 한다고 해요. 지방은 에너지 공급원이면서도 성장하는 아이의 인체를 구성하는 중요한 다량 영양소인데, 적게 먹는 아이는 같은 식재료로 조리를 하더라도 기름을 활용해서 볶고 튀기거나 조리 후 향미유를 추가하여 칼로리를 높이는 것이 중요해요. 사용하는 기름의 맛과 향에 따라서 아이의 호불호가 달라질 수 있기 때문에 올리브오일, 코코넛오일, 아보카도오일, 땅콩기름, 참기름, 들기름, 버터, 마요네즈 등 다양하게 활용해보세요.

안 먹는 아이 입 열게 하는
귀여운 안밥모 히트템

분홍 숟가락의 마법

아이스크림을 사면 주는 분홍 숟가락의 마법을 알고 있나요? 특히 이유식기에 있는 아기의 경우 유명한 이유식 숟가락 대신 이 분홍 숟가락으로 떠서 주면 잘 받아먹을 확률이 높아요. 믿기 힘들겠지만 엄마들 사이에서는 마법의 숟가락으로 통한답니다.

일회용이고 플라스틱 재질을 생각하면 유의해야 하는 사항도 많지만, 입을 꾹 닫는 아이 때문에 속이 타들어 갈 때 아이의 입을 열어주는 마법의 숟가락이니 한 번쯤은 꼭 사용해보세요.

주걱에 묻은 밥알

밥이라면 도리도리~ 숟가락이라면 입을 꾹 닫던 아이가 밥주걱에 묻은 밥알은 한 톨 한 톨 정성스럽게 떼어 먹고 있는 것을 발견한 안밥모 회원의 에피소드가 있어요. 흔히들 경험하는 이야기이기도 하지만 이유식에서 유아식으로 넘어가는 시기에 밥태기를 겪는 초보 엄마들에게는 신기한 경험이기도 해요. 주걱에 밥을 묻혀서 쥐어주니 야무지게 잘 먹더라는 웃프면서도 반가운 아이템이지요.

황금 달걀 만드는
에그셰이커

달걀의 노른자와 흰자 편식을 하는 아이들을 위해서 황금 달걀을 만드는 에그셰이커를 소개해요. 노른자의 알끈이 파괴되면서 노른자가 흰자와 섞이는 원리로, 흰자의 말랑한 식감에 노른자의 고소함을 함께 즐길 수 있어요. 날달걀을 제품 안에 넣고 줄을 당겨 돌리기를 반복해요.

전자레인지 달걀 찜기

다양한 달걀 찜기가 있지만 그중에서도 저렴하고 전자레인지를 이용해 쉽게 달걀을 찔 수 있는 제품이에요. 찜기에 물을 담고 달걀을 넣은 후 뚜껑을 닫아 전자레인지에 넣고 약 6분간 작동시켜주세요.

채소슬라이서

밥을 잘 먹지 않는 아이들도 국수나 우동 같은 면은 재미있게 먹는 편이에요. 그 부분에서 착안한 히트템입니다. 채소를 잘 먹지 않는 아이들을 위해 채소를 면처럼 길게 슬라이스하여 채소 국수, 채소 파스타 등에 활용하면 이색적으로 채소를 접하게 해줄 수 있어요. 채소슬러이서는 인터넷 쇼핑몰에서 쉽게 구입할 수 있어요. 아주 간단한 방법으로 아이가 입을 벌리는 기쁨을 누려보세요.

스퀴즈파우치

시중에 판매하는 실온 파우치형 이유식을 잘 먹는 아이들을 위해서 직접 파우치형 이유식을 만들어보세요. 스퀴즈파우치를 이용하면 직접 만든 이유식뿐만 아니라 퓌레 등도 파우치에 넣어 간편하게 먹일 수 있어요.

차퍼

고기, 채소 등 각종 요리 재료들을 곱게 갈아주는 제품이에요. 만능 다지기로도 불리며 아주 편하게 다질 수 있어요. 특히 다짐육을 사용하는 요리의 경우 마트에서 구입한 다짐육을 한 번 더 차퍼로 다져주면 입자감 없이 더욱 부드러운 고기 요리를 할 수 있어요. 대체로 다짐육이 우둔, 설도 부위를 사용하기 때문에 식감에 예민한 아이들은 선호하는 부위의 고기를 구입해서 차퍼로 갈아서 주면 식감이 부드러워 더욱 좋아한답니다.

전자레인지용 실리콘 찜기

감자 1개, 고구마 1개 등과 같이 적은 양의 재료는 전자레인지를 이용하면 간편하게 찔 수 있어요. 실리콘 찜기의 경우 찜기 받침이 있어 물을 넣으면 더 촉촉하게 찔 수 있어요. 찜기에 물을 적당량 넣고 감자 1개를 담은 후 전자레인지에 넣고 약 6~7분 동안 작동시켜주세요.

고칼로리 음료

마이키즈(초코맛, 딸기맛), 그린비아키즈, 페디아 파우더(초코맛, 바닐라맛), 페디아드링크(바나나맛), 키디밀, 하이키드 등 칼로리를 채우기 위해서 고 칼로리 음료를 간식으로 먹기도 해요. 생우유를 먹지 않는 아이들에게 주면 칼로리와 영양소를 모두 채울 수 있는 기호성 높은 음료 제품이에요. 생우유를 먹는 아이들을 위한 우유에 타서 먹는 파우더 제품도 있어요.

주옥같은
안밥모 초간단 레시피

전설의 간장밥과 간장비빔국수

어린 시절 한 번쯤 맛있게 먹은 기억이 있는 추억의 간장밥과 간장비빔국수 레시피예요.

간단 레시피

1 밥에 간장 1큰술, 참기름 1큰술을 넣고 비벼요. 밥 위에 달걀 프라이를 곁들일 수 있어요.

2 밥 대신 소면을 삶아 비비면 맛있는 간장비빔국수가 완성돼요. 국수에는 설탕을 약간 더해도 맛있어요.

연두부밥

부드러운 식감에 꿀떡꿀떡 삼키기 좋아서 아이들이 잘 먹는 안밥모의 애정 레시피랍니다.

간단 레시피

1 차가운 연두부, 따뜻한 연두부 모두 사용 가능해요. 밥에 연두부를 넣고 비빈 후 기호에 따라 소금 또는 간장을 더해요.

2 온도에 따라서 참기름, 들기름, 버터, 올리고당 등을 추가해보세요. 재료에 따라서 맛이 약간 달라지니 밥에 다양하게 넣고 비벼주세요.

콩가루밥

맨밥이 싫다고 하는 안밥이들에게는 콩가루의 고소한 맛을 더해서 줘보세요. 밥을 안 먹는 아이도 잘 먹어준답니다.

간단 레시피

1 밥 위에 콩가루를 뿌려서 함께 섞어요.

2 밥을 콩가루에 콕 찍거나 콩가루에 밥알을 굴려 골고루 묻힌 후 뭉쳐서 주면 재미있게 먹을 수 있어요.

1분 달걀치즈밥

시간도 재료도 여유가 없는데 급하게 한 끼 먹여야 할 때 만들어서 줬더니 잘 먹었다는 후기들이 줄을 이은 1분 달걀치즈밥입니다.

간단 레시피

1 밥 위에 달걀 1개와 물 또는 우유를 살짝 넣고 비벼요.

2 치즈 1장을 얹어서 전자레인지에 넣고 1분 30초 동안 돌린 후 간장, 참기름을 넣고 비벼요.

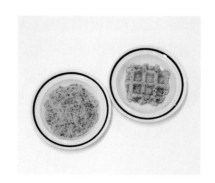

후리카케밥전

고기와 채소를 볶아서 밥과 달걀을 더해 구워낸 오리지 널 밥전 레시피에 고기와 채소 대신 후리카케를 넣고 만 드는 간단한 요리예요. 씹히는 재료에 예민한 아이들이 편하게 먹을 수 있어요.
달걀찜을 만들 때도 후리카케를 뿌려서 활용할 수 있어요.

와플메이커에 ①을 넣고 구우면 맛있는 밥와플 을 만들 수 있어요.

간단 레시피

1 밥 80g에 후리카케 1작은술, 달걀 1개를 넣고 섞어요.

2 팬에 식용유를 두르고 앞뒤로 노릇하게 구워요.

얇은 소고기찜

소고기를 씹지 않고 육즙만 빨아먹고 뱉어버리는 아이라 면, 얇은 샤브샤브용 또는 불고기용 소고기를 찜기에 쪄 서 줘보세요. 아주 적은 양을 떼어서 아이의 입에 넣어주 면 씹고 삼키기 쉬워서 고기를 안 먹는 아이도 잘 먹어요.

간단 레시피

1 실리콘 용기에 얇은 소고기를 넣고, 기호에 따라 소금, 갈릭파우더, 어니언파우더, 후추를 솔솔 뿌려요.

2 찜기에 10분 정도 쪄주세요.

잘 먹는 아이로 키우는

안밥모
베스트 레시피

part

2

Chapter 1.

영양 만점
고기 정복하기

From.
골들이
꽃돌이엄마
냥이맘
노랑사자
달봉
라라
베리
뽀블리맘
시내영
언젠간먹어줄거지
욤
윤뚜니
이층집소녀
재희맘
지니
커피향솔솔
콩콩
튼튼맘
하둥이

소고기퓌레

고기 정복 01

성장기에 필요한 단백질과 영양 성분 섭취를 위해 소고기는 이유식 시기부터 꾸준히 먹어야 해요. 하지만 안밥모들의 공통적인 고민은 "소고기를 먹지 않아요"입니다. 시판 이유식에 소고기 양을 늘려보려고 소고기만 따로 삶아 만든 '소고기퓌레'는 만들기 쉽고 이유식부터 덮밥, 비빔밥, 소스, 베이킹 등 다양한 메뉴에 활용할 수 있어요.

재료

소고기 홍두깨살 200g
양파 1/2개
마늘 8쪽(약 40g)
물 400ml
진간장 1/2큰술(생략 가능)

안밥모 tip

○ 통마늘보다는 다지거나 자른 마늘에서 알리신 성분이 잘 나온다고 해요.

○ 이유식 단계: 소고기퓌레를 이유식에 섞어서 주면 간편하게 소고기의 양을 늘릴 수 있어요.

○ 유아식 입문 단계: 소고기퓌레를 덮밥, 주먹밥, 볶음밥 등 한그릇 음식으로 만들면 간편하게 소고기를 추가할 수 있어요.

○ 고기를 거부하는 아이: 짜장, 카레 등의 소스에 소고기퓌레를 넣으면 자연스럽게 고기 맛에 노출시킬 수 있어요.

○ 냉장 보관 시 2~3일 안에 먹는 것이 좋으며, 냉동 보관 시 일주일 정도 보관 가능해요.

○ 소고기퓌레는 덮밥, 오트밀죽, 볶음밥, 수프 등 유아식에 다양하게 활용할 수 있어요. 다음 QR코드를 참고하세요!

소고기퓌레 활용법

1 냄비에 자른 양파와 마늘, 그리고 소고기를 넣어요. 고기의 잡내를 잡기 위한 재료이므로 양파는 적당히 잘라주세요.

2 물을 붓고 끓여요.

3 끓으면서 떠오르는 불순물을 걷어내요. 고기 잡내가 날아갈 수 있게 처음부터 끝까지 냄비 뚜껑은 닫지 않아요.

4 진간장을 넣은 후 약 20분 정도 중약불에서 끓여요. 이때 고기를 잘라 속까지 충분히 익었는지 확인해주세요. 무염의 경우 간을 생략해도 돼요.

5 불을 끄고 충분히 식혀요.

6 고기와 육수를 믹서기에 넣고 충분히 갈아요. 이때 뜨거운 채로 믹서기에 넣고 갈면 폭발의 위험이 있으니 충분히 식힌 후 갈아요.

바삭 고기칩

고기를 안 먹는 아이도 맛있는 간식으로 먹을 수 있는 고기칩이에요.
고기를 먹여보겠다는 의지 하나로 탄생된 안밥모 회원의 기발한 레시
피로 바삭한 식감이 살아 있는 어포 같은 느낌의 맛있는 요리지요.

재료

소고기 홍두깨살 200g
양파 1/2개
무 80g
물 500ml

1 냄비에 모든 재료를 넣고 끓여요.

2 떠오르는 불순물은 걷어내요.

3 육수가 조금 남을 정도로 약불에서 50분 이상 삶아요.

4 믹서기에 고기, 양파, 무, 남은 육수를 모두 넣고 곱게 갈아요.

5 에어프라이어에 얇게 펴서 넣고 80도에서 60분 동안 바삭하게 구워요. 먹기 좋게 잘라서 주세요.

안밥모 tip

○ 소고기 대신 닭고기로 만들어도 좋아요.

○ 익힌 단호박이나 고구마를 추가해서 함께 갈아주면 달콤함을 더할 수 있어요.

○ 얇게 펴서 구울수록 바삭함이 더해져요.

○ 소량으로 굽고 싶을 때는 믹서기로 간 후 밀폐 용기나 실리콘 큐브에 담아 냉동시켜 필요할 때마다 꺼내 사용할 수 있어요.

촉촉 소고기두부완자

고기 정복 03

밀가루를 섞고 달걀을 더해 만드는 소고기완자 레시피와 달리, 두부를 사용해서 달걀과 밀가루에 알레르기가 있는 아이도 먹을 수 있는 부드럽고 고소한 소고기두부완자랍니다. 겉은 바삭, 속은 촉촉하고 부드러워 한 알씩 쏙쏙 먹을 수 있어요.

재료

다진 소고기 150g

두부 50g

표고버섯 15g

새송이버섯 10g

양파 30g

브로콜리 10g

간장 1작은술

1 차퍼에 표고버섯, 새송이버섯, 양파, 브로콜리를 넣고 곱게 갈아요.

2 두부는 키친타월로 톡톡 두드려 물기를 제거해요.

3 1의 차퍼에 두부를 넣어 함께 곱게 갈아요.

4 볼에 다진 채소와 두부, 다진 소고기를 담은 후 간장을 넣어요.

안뱁모 tip

○완자에 들어가는 채소의 종류는 기호에 따라 자유롭게 넣을 수 있어요.

○표고버섯은 소고기의 누린내를 잡고, 콜레스테롤의 흡수를 지연시키는 역할을 해서 소고기와의 음식 궁합이 좋은 식재료이므로 꼭 사용해주세요.

○연령에 따라 간장으로 간을 추가하고, 설탕을 약간 더하면 더욱 잘 먹어요.

○에어프라이어에서 굽는 것 외에 찜기에 찌거나, 프라이팬에 기름을 둘러 구울 수도 있어요.

5 골고루 섞은 후 찰기가 생길 수 있게 손으로 치대주세요.

6 한입 크기로 동그랗게 만들어요.

7 에어프라이어에 넣고 200도로 7분, 뒤집어서 3분 동안 구워요.

사과떡갈비

고기 정복 04

고기를 안 먹는 아이도 과자처럼 먹을 수 있는 사과떡갈비예요. 사과의 건강한 단맛을 활용해 기호성도 좋고, 과육도 함께 구웠기에 식이섬유까지 먹을 수 있어 채소를 안 먹는 아이들에게도 좋답니다. 고기도 먹고 과일도 먹는 1석 2조의 매력 만점 레시피예요.

재료

다진 소고기 30g
사과 1/4개
간장 1작은술

1 사과는 껍질과 씨앗을 제거한 후 강판에서 곱게 갈아요.

2 볼에 다진 소고기, 강판에 간 사과, 간장을 넣고 섞은 후 30분간 숙성시켜요. 더운 여름에는 상하지 않도록 냉장고에 넣고 숙성시켜요.

3 숟가락을 이용해 둥글게 모양을 만들고 예열된 오븐 또는 에어프라이어에 넣어 180도에서 10분간 작동시켜요. 기기의 성능과 환경에 따라 쉽게 탈 수 있으니 유의하세요.

안밥모 tip

○ 고기 씹는 것을 거부하는 아이는 다진 소고기를 한 번 더 믹서나 차퍼에 넣고 갈아주면 더욱 부드럽게 만들 수 있어요.

○ 간장의 양을 조절하면 밥반찬으로도 만들 수 있어요.

살살 녹는 파인애플소불고기

고기 정복 05

파인애플로 만든 양념에 밤새 고기를 재웠다가 구웠더니 형체가 없는 소고기죽이 되었다는 안밥모의 웃픈 에피소드로 탄생한, 입에서 살살 녹는 부드러운 파인애플소불고기 레시피예요. 연육 작용을 도와주는 파인애플을 넣고 만들어 고기는 부드러워지고 달콤함까지 더한 맛있는 파인애플소불고기! 씹지 않으려는 아이들에게 고기 반찬으로 줘보세요. 밥 한 그릇 뚝딱할 거예요.

재료

불고기용 소고기 200g

슬라이스 파인애플 4개

통마늘 3개

양파 10g

팽이버섯 10g

표고버섯 10g

파프리카 20g

배즙 100ml

간장 2큰술

1 불고기용 소고기는 키친타월로 톡톡 두드려 핏물을 제거해요.

2 파인애플, 통마늘, 배즙을 믹서기에 넣고 곱게 갈아요.

3 볼에 고기를 넣고 2를 넣어요.

4 간장을 넣은 후 랩으로 덮어 냉장고에 넣고 반나절 이상 숙성시켜요.

5 팬에 4를 넣고 볶아요. 이때 양파, 팽이버섯, 표고버섯, 파프리카를 먹기 좋게 잘라 넣고 함께 볶아요.

안밥모 tip

○ 단백질 분해 효소가 들어 있는 재료로는 파인애플, 배, 키위, 파파야, 무화과 등이 있으니 파인애플 대신 대체 과일로 사용할 수 있어요.

○ 고기가 죽처럼 흐트러지는 게 싫을 경우 숙성 시간을 30분 ~1시간 정도로 짧게 하면 육질이 부드러우면서 고기 형태를 유지할 수 있어요.

미트로프

고기 정복 06

고기 'meat'와 덩어리 'loaf'가 합쳐진 단어인 미트로프는 고기와 밀가루를 섞어 덩어리로 구워 만든 그리스 요리로 유럽에서 많이 먹어요. 다진 고기로 만든 형태가 햄버그스테이크와 비슷하지만 더 부드럽고 케첩소스의 새콤달콤함이 어우러져 아이들이 좋아하는 메뉴예요.

재료

다진 소고기 170g

다진 양파 20g

빵가루 10g

달걀 1개

우유 50ml

소스

케첩 1+1/2큰술

설탕 1큰술

머스터드 1/2큰술

소금 약간

후추 약간

1 볼에 다진 고기, 다진 양파, 빵가루, 달걀, 우유를 넣고 골고루 섞어요.

2 소스 재료를 섞어 소스를 만들어요.

3 오븐 그릇에 1의 고기 반죽을 넣어요.

4 고기 위에 소스를 충분히 펴 발라요.

5 오븐이나 에어프라이어에 넣고 180도에서 20분간 구워요.

안밥모 tip

○ 실리콘 머핀틀을 이용하여 소량으로 구우면 간식이나 밥 반찬으로 활용하기에 좋아요.

○ 높이가 낮은 에어프라이어에서 조리할 때 소스 부분이 탈 수 있으니 유의하세요.

아란치니

아란치니는 주먹밥에 빵가루를 묻혀 만드는 시칠리아 요리로, 이탈리아어 뜻으로 작은 오렌지라고 해요. 소고기와 밥을 뭉쳐 동그랗게 만든 주먹밥을 튀겨서 겉은 바삭하고 속은 부드러워 아이들이 좋아하는 튀긴 주먹밥이에요.

다진 소고기 80g
밥 50g
밀가루 50g
빵가루 50g
다진 양파 40g
모차렐라치즈 20g
달걀 1개
식용유 적당량

1 팬에 식용유 1큰술을 두르고 다진 양파를 넣어 볶아요.

2 양파가 어느 정도 익으면 팬에 소고기를 넣고 충분히 익혀요.

3 볼에 볶은 양파와 소고기, 밥, 모차렐라치즈를 넣고 골고루 섞어요.

4 손으로 주먹밥 만들 듯이 동그랗게 모양을 만들어요.

5 동그랗게 만든 반죽을 밀가루, 달걀, 빵가루 순서로 묻혀요.

6 팬에 식용유를 넉넉히 두르고 반죽을 노릇하게 튀겨요. 속의 재료는 모두 익은 상태라서 겉면만 노릇하게 익히면 된답니다.

안밥모 tip

○다양한 채소를 넣을 수 있어요.

○케첩이나 아이가 좋아하는 소스, 드레싱, 수프 등을 곁들일 수 있어요.

○팬에 튀기지 않고 에어프라이어를 사용한다면 겉면에 식용유를 묻히고 180도에서 10분, 뒤집어서 10분 동안 구워요.

엄마가 만드는 수제 육포

고기 정복 08

소고기를 잘 먹지 않는 아이를 위한 영양 간식이에요. 시판 소고기육포의 첨가물이 걱정이라면 집에서 만들어보세요. 생각보다 쉽게 만들 수 있답니다. 아이는 물론 어른의 입맛도 사로잡는 맛있는 수제 육포예요.

재료

소고기 홍두깨살 200g
사과 1/2개
배 1/2개
양파 1/2개
마늘 2개

양념

간장 2큰술
설탕 1큰술
맛술 1/2큰술

1 홍두깨살을 찬물에 담가 1시간 정도 두어 핏물을 빼요.

2 사과, 배, 양파, 마늘을 믹서기에 넣고 갈아요.

3 핏물을 뺀 소고기를 2에 담가 랩으로 감싼 후 반나절 이상 냉장 보관해요.

4 소고기만 건져 차퍼에 넣고 간 후 양념 재료를 고기에 부어 골고루 섞어요.

5 얇게 펴서 냉동실에 넣고 약 5분 정도 넣어 살짝 얼려요. 손가락으로 눌렀을 때 살짝 굳은 것이 좋아요.

6 아이가 먹기 편한 크기로 잘라요. 녹으면 예쁘게 썰기 어렵고 흐트러지므로 빠르게 자르고 옮기는 것이 좋아요.

7 식품건조기에 넣고 70도에서 4시간 작동시켜요. 오븐 사용 시 180도로 앞뒤 고르게 5분씩 구워요. 에어프라이어 사용 시 100도에서 30분, 뒤집어서 20분간 구워요.

안밥모 tip

○ 과일은 즙 제품으로 대체할 수 있어요.

○ 고기를 다지는 건 씹기 어려운 아이들을 위함이므로 통고기 육포를 잘 먹는 아이는 고기 다지는 단계를 생략해도 좋아요.

○ 만든 육포는 밀봉하여 냉동 보관하며, 먹기 전 전자레인지에 넣고 10초 정도 데우면 좋아요.

라구소스

고기 정복 09

이탈리아 요리인 라구는 파스타와 함께 조리하는 미트소스의 일종이에요. 소고기와 각종 채소, 토마토를 오랜 시간 푹 끓여내 파스타뿐만 아니라 밥에도 어울리는 맛있는 소스예요.

재료

다진 소고기 100g

토마토 2개

양파 30g

애호박 30g

당근 30g

버터 5g

채수 200ml

1 토마토는 꼭지를 따고 위에 열 십자(+) 모양의 칼집을 내요. 끓는 물에 넣고 데쳐 껍질을 벗겨요.

2 토마토의 반은 믹서기에 넣어 갈고, 반은 깍둑썰기 해요.

3 양파와 애호박, 당근은 잘게 다져요.

4 팬에 버터와 양파, 애호박, 당근을 넣고 볶아요.

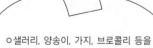
안밥모 tip

○샐러리, 양송이, 가지, 브로콜리 등을 넣어 라구소스를 만들어도 좋아요.

○향신료에 대한 거부가 없다면 월계수 잎, 후추를 추가해보세요.

○생토마토 대신 토마토페이스트 통조림 또는 토마토파스타소스를 활용해도 좋아요.

5 채소가 다 익으면 다진 소고기를 넣고 볶아요.

6 소고기가 다 익으면 준비한 토마토를 모두 넣고 섞어요.

7 채수를 부은 후 약불에서 30~50분 정도 끓여요. 원하는 농도가 되도록 저으며 몽글하게 끓여요.

닭다리살케첩조림

소금 구이, 간장 구이를 좋아하지 않는 아이를 위한 새콤달콤 케첩조림
이에요. 부드러운 닭다리살을 노릇하게 구워 맛있는 케첩소스로 조려
입맛을 살려주는 레시피예요.

재료

닭다리살 1개(100g)
양파 10g
애호박 10g
당근 10g
파프리카 10g
마늘 4알(또는 다진 마늘 1작은술)
식용유 1큰술

양념
물 30ml
간장 1큰술
케첩 1큰술
설탕 1작은술
식초 1작은술
후추 약간

1 양파, 애호박, 당근, 파프리카를 한입 크기로 잘라요.

2 양념 재료를 섞어요.

3 팬에 식용유를 두르고 마늘을 구워 마늘 향이 나도록 해주세요.

4 껍질을 제거한 닭다리살을 팬에 넣고 앞뒤로 노릇하게 구워요.

5 팬에 채소를 넣고 볶아요.

6 양념을 부어주고 양념이 타지 않도록 저으며 약불에서 졸여요.

안밥모 tip

○ 닭다리살을 한입 크기로 잘라 익히면 조리 시간을 단축시킬 수 있어요.

육전

고기 정복 11

고기를 잘 먹지 않는 아이도 '밀계옷'을 입혀 기름에 지글지글 구워낸 육전은 잘 먹는 경우가 많답니다. 갓 구워 낸 육전을 조금 떼어 입에 넣어 줘보세요. 고기 맛에 두 눈을 휘둥그레 뜰지도 몰라요!

재료

육전용 소고기 100g
밀가루 50g
달걀 1개
식용유 30ml

1 키친타월로 고기를 톡톡 두드 려 핏물을 제거해요.

2 고기를 밀가루, 달걀 순서로 묻 혀요.

3 팬에 식용유를 넉넉히 두르고 앞뒤로 노릇하게 구워요.

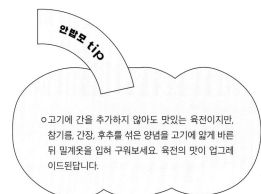

안뱁모 tip

○고기에 간을 추가하지 않아도 맛있는 육전이지만, 참기름, 간장, 후추를 섞은 양념을 고기에 얇게 바른 뒤 밀계옷을 입혀 구워보세요. 육전의 맛이 업그레 이드된답니다.

사과오트밀고기전

고기 정복 12

채소도 안 먹고 심지어 과일도 안 먹는 아이들을 위해서 사과를 넣어
섬유질도 챙기고 소고기, 오트밀까지 한 번에 먹일 수 있는 맛있는 사
과오트밀고기전이에요.

재료

소고기 30g
사과 30g
달걀 1개
오트밀 1큰술
식용유 1큰술
참치액젓 1/2작은술

1 차퍼에 소고기, 사과, 오트밀을 넣고 곱게 갈아요.

2 볼에 1과 달걀을 넣고 골고루 잘 섞어요.

3 참치액젓을 넣고 섞어요.

4 팬에 식용유를 두르고 앞뒤로 노릇하게 구워요.

안뱁모 tip

○ 채소를 먹지 않는 아이는 과일을 먹으면 비타민과 식이섬유를 대체할 수 있어요.

○ 과일을 생으로 잘 먹지 않는다면 요리 재료로 활용하여 만들어보세요. 사과는 섬유질의 좋은 공급원으로 대변 형성을 돕고 규칙적인 배변 활동을 촉진해요.

한입 크기 닭안심팝콘튀김

고기 정복 13

한입에 쏙 들어가는 작은 크기로 만드는 안밥이 맞춤형 닭안심팝콘튀김이에요. 한 손으로 집어 입으로 쏙쏙! 포크로 콕콕 찔러 입으로 쏙쏙! 간식으로도 밥반찬으로도 좋은 엄마표 팝콘튀김이에요.

재료

닭고기 안심 1개
달걀 1개
밀가루 20g
빵가루 20g
식용유 20ml
소금 약간

1 닭고기를 먹기 좋게 10~15조각으로 자른 후 소금 한 꼬집을 솔솔 뿌려요.

2 닭고기를 밀가루, 달걀, 빵가루 순서로 묻혀요.

3 팬에 식용유를 넉넉하게 둘러 바삭하게 튀겨요.

안밥모 tip

o 카레를 좋아한다면 밀가루에 카레가루를 섞어서 입혀도 좋아요.

o 밀가루 대신 쌀가루 또는 부침가루를, 빵가루 대신 오트밀가루를 사용할 수 있어요.

감자소고기전

감자전을 잘 먹는 아이에게 소고기를 같이 먹일 수 있는 방법은 없을까 고심하다가 만들어낸 감자소고기전이에요. 부드러운 식감의 감자전에 고기가 스치듯 안녕~ 하여 거부감 없이 맛있게 먹을 수 있는 고소한 '감소전'으로 불린답니다.

삶은 감자 1개
다진 소고기 30g
쌀가루 2작은술
식용유 10ml
소금 3~4꼬집

1 삶은 감자를 으깨 볼에 담고 다진 소고기, 쌀가루를 넣어요.

2 손으로 치대며 골고루 섞어요.

3 반죽을 종이 포일 위에 올려 길쭉하게 모양을 만든 후 종이 포일을 감싸고 양쪽을 돌돌 말아요.

4 냉동실에 넣어 1시간 정도 얼린 후 먹기 좋은 두께로 잘라요.

5 팬에 식용유를 넉넉히 두르고 구워요.

안밥모 tip

ㅇ쌀가루 대신 오트밀가루를 사용할 수 있어요.

ㅇ감자:소고기=3:1 비율로 만들면 좋아요. 고기를 잘 먹는 아이라면 고기 비율을 조금씩 올려보세요.

수제 스팸

고기 정복 15

부드러운 통조림 햄을 좋아하는 아이들이 참 많지만, 각종 첨가물이 걱정이 되지요. 그렇다면 이제 엄마표로 만들어보세요. 건강하고 맛있게 즐길 수 있답니다.

재료

다진 돼지고기 300g

전분가루 30g

물 30ml

어니언파우더 1작은술

갈릭파우더 1작은술

설탕 약간

소금 약간

1 볼에 모든 재료를 넣고 반죽해요. 이때 돼지고기는 차퍼로 한 번 더 갈아주면 더욱 부드러워요.

2 베이킹틀에 반죽을 넣어요.

3 찜기에 물을 적당량 넣고 반죽을 담은 베이킹틀을 넣어요. 물이 끓어오르면 약 20분간 쪄주세요.

4 한 김 식힌 후 냉장고에 넣어 약 1시간 굳힌 후 먹기 좋은 크기로 잘라요.

안밥모 tip

◦ 간간한 맛을 원한다면 소금 1/2작은술을 넣으면 좋아요.

◦ 통조림 햄처럼 팬에 다시 노릇하게 구워도 맛있어요.

◦ 스틱 형태로 잘라 밀가루, 달걀, 빵가루 순서로 튀김옷을 입혀 튀기면 튀김으로도 즐길 수 있어요.

닭다리살찜닭

고기 정복 16

부드러운 닭다리살을 이용한 유아식 찜닭 레시피랍니다. 닭을 안 좋아하는 아이도 달콤한 맛에 한 입, 두 입 잘 받아먹어요. 방법도 간단하니 집에서 쉽게 만들어보세요.

닭다리살 100g
새송이버섯 20g
감자 20g
당근 20g
다진 파 1큰술
우유 200ml
식용유 1큰술

양념

물 3큰술
간장 1큰술
아가베시럽 1큰술
맛술 1큰술
다진 마늘 1/2큰술
후추 약간

1 닭다리살은 우유에 30분 정도 담가 잡내를 제거한 후 흐르는 물로 가볍게 씻어요.

2 닭다리살, 새송이버섯, 감자, 당근은 한입 크기로 잘라요.

3 팬에 식용유를 두르고 다진 파를 넣고 볶아 파기름을 내요.

4 닭고기를 넣고 볶으며 겉면이 익으면 채소를 모두 넣어 볶아요.

5 양념 재료를 모두 넣고 약불에서 조려요.

안밥모 tip

○안심이나 다른 부위를 사용해도 좋지만, 닭다리살이 연하고 부드러워 아이들이 좋아해요.

요구르트수육

고기 정복 17

고기를 삶을 때 요구르트 하나를 넣었더니 놀랍도록 부드럽고 맛있는 수육이 완성되었어요. 밥솥만 있으면 누구나 간단히 할 수 있는 마성의 요리랍니다.

재료

수육용 돼지고기 300g

양파 1/2개

물 400ml

요구르트 40ml

간장 3큰술

맛술 3큰술

1 밥솥에 모든 재료를 넣어요.

2 만능찜 모드로 50분 취사하면 완성돼요.

안밥모 tip

○수육용 돼지고기는 삼겹살, 목살, 앞다 리살 부위를 사용할 수 있어요.

○냄비로 끓일 경우 센불에서 물이 끓으 면 중약불로 20~30분 정도 더 끓여 요. 압력솥으로 끓일 경우 센불에서 물 이 끓으면, 중약불로 10분 정도 더 끓 여요. 끓이고 난 후 충분히 뜸 들이기 를 하면 속까지 잘 익어요.

에프 닭다리구이

'우리 아이는 언제쯤 닭다리를 들고 뜯을 수 있을까?' 안밥모라면 모두 이런 생각을 해보곤 하지요. 이 상상을 실현시켜주는 맛있는 에프 닭다리구이예요. 특별한 소스는 아니지만 적절한 소금 간과 바로 구운 따끈하고 부드러운 닭다리살이 안밥이들의 입맛을 사로잡아줍니다.

재료

닭다리 3개
우유 200ml
소금 약간
후추 약간

1 닭다리를 우유에 담가 20~30
분 정도 재워 잡내를 제거한 후
흐르는 물에 살짝 헹궈 물기를
제거해요.

2 소금과 후추를 골고루 뿌려요.

3 에어프라이어에 넣고 180도에
서 15분, 뒤집어서 15분 구워요.

안쌤의 tip

○ 소금과 후추를 뿌릴 때 다진 마늘 혹은 마늘가루를 같이
뿌려도 좋아요.

○ 소금과 후추 대신 허브솔트를 사용해도 좋아요.

○ 닭다리, 닭봉, 닭날개 등 다양한 부위를 활용할 수 있어요.

밥솥 수비드

고기 정복 19

수비드(sous-vide)는 프랑스어로 '진공 상태'를 의미해요. 재료를 진공 포장하여 온도를 일정하게 유지하며 오랜 시간 저온으로 조리하는 방법이랍니다. 밥솥을 이용해 부드러운 고기 수비드 요리를 만들어보세요.

재료

닭고기 안심 100g

양념
올리브오일 1큰술
소금 1/2작은술
갈릭파우더 1/2작은술
후추 약간
허브 약간

1 양념 재료를 섞은 후 닭고기에 양념을 발라요.

2 식품용 지퍼백에 닭고기를 담은 후 냉장실에 넣어 2시간 정도 숙성시켜요.

3 잠그지 않은 지퍼백을 물에 서서히 넣어서 수압을 이용해 공기를 뺀 후 잠가주세요.

4 밥솥에 닭고기를 넣은 지퍼백을 담고 닭고기가 잠길 만큼 뜨거운 물을 넣은 후 보온으로 2시간 이상 작동시켜요.

5 밥솥에서 지퍼백을 그대로 꺼낸 후 닭고기를 잘게 찢어요.

안밥모 tip

o 닭가슴살을 이용해도 촉촉하게 익힐 수 있어요.

o 익힌 채로 간식으로 먹어도 좋고, 각종 요리의 토핑이나 샌드위치 재료 등에 다양하게 활용할 수 있어요.

o 허브는 로즈메리, 바질, 오레가노, 타임 등 아이가 좋아하는 것을 사용하세요. 이중 바질은 치킨 요리에 널리 사용되는 허브로 닭고기의 비린내를 잘 잡아주고 풍미를 더해줍니다. 여러 가지 허브가 섞인 믹스 제품을 사용해도 좋아요. 하지만 강한 허브의 향은 거북할 수 있으므로 아주 소량만 사용해주세요.

소고기연근전

연근은 탄닌, 철분 등의 성분이 많이 있고, 혈액 순환, 소화기 보호에 효능이 있다고 합니다. 보통 조림으로 가장 많이 만들어 먹지요. 하지만 안밥이를 위해 조림이 아닌 소고기와 함께 고소하게 구워낸 소고기연근전을 만들어봤어요. 연근을 새롭게 변신시켜보세요. 아이도 즐겁게 먹을 거예요.

재료

데친 연근 60g

소고기 30g

양파 30g

달걀 1개

부침가루 2큰술

식용유 1큰술

참기름 1큰술

간장 1/2큰술

1 차퍼에 연근, 소고기, 양파를 넣고 갈아요. 이때 데쳐서 판매하는 연근이나 연근 큐브 등을 활용하면 연근을 손질할 필요가 없어 편리해요.

2 볼에 식용유를 제외한 모든 재료를 넣고 섞은 후 먹기 좋은 크기로 반죽을 만들어요. 이때 달걀 알레르기가 있을 경우 달걀을 빼고 만들어도 됩니다.

3 팬에 식용유를 두르고 반죽을 앞뒤로 노릇하게 구워요.

안밥모 tip

○**연근 손질법**

① 연근을 흐르는 물로 세척해요.

② 필러로 껍질을 벗겨요.

③ 적당한 두께로 슬라이스해요.

④ 끓는 물에 소금과 식초를 약간 넣고 약 30초간 데친 후 찬물로 헹궈요.

소고기달걀찜

고기 정복 21

전자레인지를 활용해 쉽게 만드는 달걀찜에 소고기를 넣어봤어요. 소고기를 안 먹는 아이도 손쉽게 영양을 보충시켜주는 기특한 레시피랍니다. 간편한 반찬이자 든든한 간식이 되어주는 소고기달걀찜이에요.

다진 소고기 10g
달걀 1개
물 100ml
버터 5g
밥새우 1/2작은술

1 팬에 버터와 소고기를 넣고 볶아요.

2 달걀은 체로 걸러 부드럽게 만들어요.

3 볼에 달걀, 소고기, 밥새우, 물을 담고 섞어요. 이때 소고기와 밥새우는 믹서기에 넣고 갈아서 사용하면 더욱 부드러워요.

4 전자레인지용 찜기에 재료를 모두 담고 전자레인지에 넣은 후 1분 30초 동안 익혀요.

안밥모 tip

○밥새우는 새우의 크기가 작고 부드러워 그냥 사용해도 되지만, 입자에 예민한 아이들을 위해 믹서기에 넣고 갈아서 사용해도 됩니다. 밥새우를 갈아 냉동 보관해두고 요리 재료로 활용하면 간편하고 좋아요.

된장소스찹스테이크

달짝 구수한 된장소스를 활용한 소고기구이예요. 소금 간도, 간장 간도 안 먹을 경우 된장소스로 맛을 낸 찹스테이크를 만들어보세요. 한 그릇 뚝딱! 마법을 부리는 레시피랍니다.

재료

구이용 소고기 40g
양파 20g
당근 10g
버터 5g
물 3큰술

된장소스
물 1큰술
올리고당 1작은술
미소된장 1/2작은술
갈릭파우더 1/2작은술

1 고기와 채소는 깍둑썰기로 잘라요.

2 팬에 버터와 채소를 넣고 골고루 볶아요.

3 물을 넣고 채소가 충분히 익을수 있게 물볶음해주세요.

4 작은 볼에 된장소스 재료를 섞어 된장소스를 따로 만들어요. 팬에 소고기를 넣고 겉면이 살짝 익을 때 된장소스를 넣어요.

5 고기가 익을 때까지 볶아요.

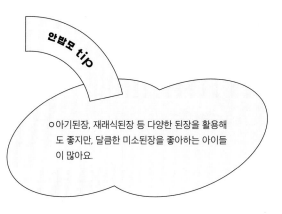

안밥모 tip

ㅇ아기된장, 재래식된장 등 다양한 된장을 활용해도 좋지만, 달큼한 미소된장을 좋아하는 아이들이 많아요.

소고기오트볼

고기 정복 23

소고기와 오트밀을 함께 반죽한 후 겉은 바삭하게, 속은 촉촉하게 구워
낸 소고기오트볼이에요. 부족한 단백질을 이 요리 하나로 채울 수 있답
니다.

재료

다진 소고기 60g
물 6큰술
오트밀 2큰술
분유(또는 쌀가루나 부침가루) 2큰술

1 오트밀은 물과 섞어 전자레인지에 넣고 약 30초 정도 돌려서 불려요.

2 볼에 다진 소고기, 불린 오트밀, 분유를 넣고 골고루 섞어 반죽을 만들어요.

3 한입 크기로 동그랗게 굴려 모양을 만들어요.

4 에어프라이어에 넣고 150도에서 10분 동안 구워요.

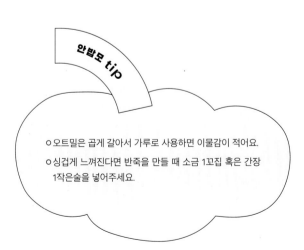

안밥모 tip

○ 오트밀은 곱게 갈아서 가루로 사용하면 이물감이 적어요.

○ 싱겁게 느껴진다면 반죽을 만들 때 소금 1꼬집 혹은 간장 1작은술을 넣어주세요.

간단한
아침 식사

채소참치죽

아침 01

고단백 식품인 통조림 참치로 특별한 재료 없이 냉장고 속 갖은 채소를
더해 맛있는 요리를 만들 수 있어요. 뇌를 구성하는 지방 성분의 10%가
DHA인데, 참치를 비롯한 등 푸른 생선에 들어 있는 이 DHA는 뇌를 위
한 최고의 영양소로 뇌 기능을 향상시킨다고 해요. 호불호 없이 아이들
이 좋아하는 참치로 간편하게 아침밥을 만들어보세요.

찬밥 80g
참치 40g
양파 20g
애호박 20g
당근 20g
표고버섯 10g
버터 5g
간장 1작은술
참기름 1작은술
물 적당량

안밥모 tip

○ 아이가 평소 좋아하는 채소를 이용하거나, 냉장고에 있는 자투리 채소를 활용하세요. 아이가 먹지 않는 채소는 매우 곱게 다져서 넣어요.

○ 물볶음을 충분히 해야 채소의 식감이 물러져서 먹기 좋아요.

○ 물의 양을 조절하여 묽게 혹은 되직하게 아이의 기호에 따라 조절하세요.

○ 통조림 참치의 기름이 많이 들어가면 느끼해질 수 있으니 기름을 제거해요. 기름이 많이 들어 갔을 때는 참기름은 생략해도 좋아요.

○ 먹고 남은 참치는 캔에 그대로 담아 두면 산소 접촉으로 통조림 내부의 코팅에 사용되는 금속이 참치에 용출될 수 있으므로 반드시 밀폐 용기에 담아 냉장 보관해야 해요.

1 양파, 애호박, 당근, 표고버섯을 차퍼에 넣고 곱게 갈아요.

2 팬에 버터를 넣고 다진 채소를 볶아요.

3 물 3큰술을 넣어 채소가 푹 익을 수 있도록 물이 사라질 때까지 약 3분간 물볶음을 해요.

4 참치와 찬밥을 넣고 섞어요.

5 물 200ml를 부어요.

6 간장을 넣고 약불에서 저어가며 충분히 끓여요.

7 원하는 농도가 되었을 때 불을 끈 후 참기름을 둘러요.

게맛살누룽지죽

끓이기만 하면 완성되는 누룽지죽은 고소하고 부드러워 어른부터 아이까지 온 가족이 먹기 좋은 아침 식사지요. 여기에 게맛살을 넣어 간편하게 맛을 내면 더욱 맛있어요.

누룽지 40g
양파 20g
당근 20g
애호박 20g
버터 5g
게맛살 1/2개
참기름 1작은술
물 적당량
소금 약간

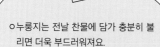

안밥모 tip

ㅇ누룽지는 전날 찬물에 담가 충분히 불리면 더욱 부드러워져요.

ㅇ물은 한 번에 다 넣지 말고 끓이면서 조금씩 추가하면 농도 조절이 쉬워요.

ㅇ먹기 전에 들기름 또는 김가루를 추가해도 좋아요.

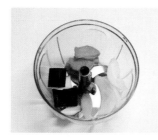

1 차퍼에 양파, 당근, 애호박을 넣고 곱게 다져요.

2 팬에 버터와 다진 채소를 넣고 볶아요.

3 물 3큰술 정도 넣어 채소가 푹 익을 수 있도록 물이 사라질 때까지 약 3분간 물볶음을 해요.

4 누룽지를 넣어요.

5 물 400ml를 부어요.

6 물이 끓어오르고 누룽지가 풀어지면 게맛살을 넣어요.

7 중약불에서 20분 정도 푹 끓여요. 이때 물이 부족하면 물을 조금 더 부어요.

8 부족한 간은 소금으로 조절하고, 참기름을 둘러 마무리해요.

단호박오트밀죽

아침 03

바나나를 싫어하는 아이를 위해 바나나 대신 단호박을 넣고 끓인 오트
밀죽 레시피예요. 간편하면서 든든한 단호박오트밀죽으로 아침밥을
챙겨요.

(재료)

찐 단호박 100g
우유 150ml
오트밀 4큰술

1 전자레인지 용기에 오트밀을 담고 우유 50ml만 먼저 부은 후 전자레인지에 넣고 30초간 데워 불려요.

2 팬에 전자레인지로 불린 오트밀과 남은 우유 100ml를 넣어요.

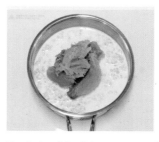

3 찐 단호박을 넣어요.

4 약불에서 저으며 원하는 농도까지 끓여요.

안밥모 tip

○ 부드러운 식감을 원한다면 블렌더나 믹서기를 이용해 오트밀과 단호박을 갈아주세요.

피넛버터토스트범벅

아침 04

밥을 먹는 양이 적은 아이들에게는 매일 한 숟갈씩 피넛버터를 먹여 단백질을 보충하라는 말이 있어요. 피넛버터는 단백질이 풍부할 뿐만 아니라 필수 비타민과 미네랄도 함유되어 있고, 칼로리도 높아요. 설탕, 염분 등 첨가물이 들어 있지 않은 100% 피넛버터를 사용하면 걱정 없이 먹일 수 있어요. 우유와 함께 버무려주면 부드러워서 잘 먹어요.

재료

식빵 1개
우유 20ml
피넛버터 2작은술
아가베시럽 1작은술

1 테두리를 자른 식빵을 한입 크기로 잘라요.

2 피넛버터와 아가베시럽을 고르게 섞어요. 잘 섞이지 않는다면 전자레인지에 넣고 10초 정도 데우면 좋아요. 당분이 들어 있는 피넛버터라면 시럽을 빼도 돼요.

3 빵에 고르게 묻도록 살살 버무려요.

4 우유를 뿌려 적셔요.

얌얌모 tip

○ 대체로 식빵의 부드러운 부분을 좋아하지만, 식빵 테두리 부위의 단단한 식감을 좋아하는 아이도 있으니 아이의 기호를 탐색해보세요.

○ 마지막에 우유를 뿌리면 부드러워져요. 물컹한 식감을 싫어하는 아이라면 마지막 단계인 우유 적시기는 생략해도 좋아요.

○ 먹어보지 못한 생소한 맛이라 생각보다 거부감이 클 수 있어요. 처음엔 젓가락 끝으로 살짝 맛보기, 다음에는 손으로 찍어 맛보기 등 차츰 먹는 양을 늘려보세요.

○ 피넛버터 대신 아몬드버터를 활용해도 좋아요.

○ 아이가 좋아하는 과일(바나나, 딸기, 블루베리 등)과 곁들여 먹어도 좋아요.

○ 식빵틀을 이용해 촉감놀이, 찍기놀이로 흥미를 유발시켜보세요.

떡국

아침 05

푹 끓여 부드럽고 매끈매끈한 떡국은 꿀떡꿀떡 삼키기 좋아 아침 식사로 안성맞춤이에요. 게다가 50g의 떡국떡은 약 100kcal 정도라 먹는 양이 적은 아이들에게는 든든한 한 끼 식사가 될 수 있어요.

재료

떡국떡 50g
양파 10g
당근 10g
애호박 10g
멸치다시마육수(23쪽) 300ml
국간장 1작은술
소금 약간

1 떡은 찬물에 담가 반나절 이상 푹 불려요.

2 양파와 당근, 애호박을 채로 썰어요.

3 냄비에 멸치다시마육수와 불린 떡을 넣고 끓여요.

4 채소를 넣어요.

안쌤모 tip

5 국간장을 넣고 간이 부족하면 소금을 약간 넣어요.

6 떡과 채소가 모두 익을 때까지 푹 끓여요.

○ 전날 저녁에 떡을 찬물에 담가 냉장실에 넣어뒀다가 아침에 사용하면 간편하게 끓일 수 있어요.

○ 완전 퍼진 떡을 잘 먹는 아이라면 한번 끓인 떡국을 식혔다가 데워주면 좋아요.

○ 떡을 씹거나 삼키기 힘들어하는 아이라면 잘게 자른 떡으로 끓여요.

○ 아이의 기호에 따라 해물육수, 사골육수 등 다양한 육수를 넣어 만들어 보세요.

○ 만두, 소고기, 김가루, 참기름 등을 추가할 수 있어요.

게맛살밥와플

아침 06

밥전을 잘 안 먹는 아이도 밥반죽을 와플기로 구워내면 '겉바속촉' 식감
으로 잘 먹는 경우가 있답니다. 와플기로 맛있는 밥와플을 구워보세요.
아이들이 좋아하는 게맛살까지 더하면 최고의 아침 식사가 된답니다.

재료

밥 50g

양파 20g

애호박 20g

당근 10g

게맛살 1/2개

달걀 1개

버터 5g

부침가루 1큰술

소금 약간

1 차퍼에 양파, 애호박, 당근, 게맛살을 넣고 곱게 다져요.

2 볼에 달걀, 다진 채소, 밥, 부침가루를 넣고 섞어요. 이때 추가로 간이 필요한 경우 소금을 더 해주세요.

3 와플팬에 버터를 바르고 반죽을 넣어 앞뒤로 노릇하게 구워요.

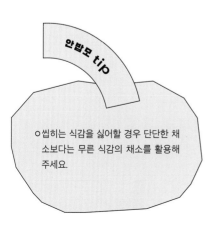

안밥모 tip

○ 씹히는 식감을 싫어할 경우 단단한 채소보다는 무른 식감의 채소를 활용해주세요.

소고기리소토

갖은 채소와 고기를 곁들여 만든 볶음밥을 잘 안 먹는 아이들이 의외로 많아요. 볶음밥 과정과 동일하지만 마지막에 우유를 넣어 푹 익혀 만드는 리소토는 부드러움과 고소함이 더해져 볶음밥을 싫어하는 아이도 잘 먹는 메뉴예요.

재료

밥 60g

다진 소고기 30g

당근 10g

양파 10g

애호박 10g

표고버섯 10g

브로콜리 10g

버터 5g

우유 100ml

물 50ml

소금 1/2작은술

1 당근, 양파, 애호박, 표고버섯, 브로콜리를 차퍼에 넣고 다져요.

2 팬에 버터와 다진 채소들을 넣고 볶아요.

3 다진 소고기를 넣고 함께 볶아요.

4 물을 넣고 채소가 푹 익을 때까지 충분히 물볶음을 해주세요.

5 밥을 넣고 잘 섞어요.

6 우유를 넣고 약불에서 충분히 익힌 후 소금을 넣어 마무리해요.

안밥모 tip

○ 아이가 좋아하거나 혹은 먹지 않아 고민인 채소들을 다양하게 활용해보세요.

○ 물볶음을 충분히 해야 채소의 식감이 부드러워져서 뱉거나 물고 있는 것을 예방할 수 있어요.

○ 약불에서 충분히 익혀 밥이 잘 퍼질 수 있도록 해주세요.

○ 소금 간 대신 치즈를 곁들여도 좋아요.

퐁싱토스트

식빵과 달걀, 우유만 있으면 손쉽게 뚝딱 만들 수 있어요. 탄단지의 주요 영양소를 만족시키는 영양 만점 아침 식사 혹은 든든한 간식이지요. 일반 프렌치토스트와 다른 점은 우유에 푹 담가 빵에 우유를 완전히 흡수시키는 것이에요. 부드럽고 촉촉해서 퐁싱토스트라고 불리며 입안에 넣으면 사르르 녹아버리는 부드러운 식감으로 유치가 적은 아이들도 잘 먹는답니다.

재료

식빵 1장
달걀 1개
버터 5g
우유 30ml
소금 1꼬집(생략 가능)

1 달걀은 체로 걸러요. 간편하게 젓가락으로 저어도 되지만, 체에 거르면 달걀옷이 부드러워지고 구웠을 때 색깔도 예뻐요.

2 볼에 달걀과 우유, 그리고 소금을 넣고 섞어요. 소금은 생략해도 괜찮아요.

3 식빵을 먹기 좋게 자른 후 달걀물에 담가 앞뒤로 골고루 흡수되도록 놓아요. 이때 식빵이 달걀물을 완전히 흡수할 수 있게 최소 5분 이상 두는 것이 좋아요.

4 팬에 버터를 두른 후 달걀옷을 입힌 식빵을 앞뒤로 노릇하게 구워요.

안뱀모 tip

○ 바삭한 식감을 좋아하는 아이들은 우유를 적게 넣어 만들거나 우유 없이 만드는 것을 추천해요.

○ 버터 향을 싫어하는 아이도 있어요. 버터에 구운 향을 싫어한다면 식용유에 구워보세요.

○ 기호에 따라 과일, 치즈, 메이플시럽, 아가베시럽 등을 다양하게 곁들여보세요.

스마일김밥

아침 09

한입에 쏙 들어가는 김밥은 아이들이 잘 먹을 것 같지만, 구강 감각이 예민한 우리 안밥이들에게는 먹기 힘들어하는 음식 중 하나예요. 김밥 재료들이 주는 각양각색의 자극이 다양하고, 입안 가득 채워지는 커다란 김밥 크기에 삼키기도 부담스러워해요. 밥 양은 적고 맛있는 소시지로 귀여운 모양을 낸 스마일김밥으로 안밥이의 첫 김밥에 도전해보세요.

재료

밥 40g
김밥용 김 1장
소시지 1개
참기름 1큰술

1 밥에 참기름을 둘러 섞어요.

2 소시지를 가로로 길게 반으로
잘라요. 이때 소시지를 뜨거운
물에 살짝 데치면 첨가물을 제
거할 수 있어요.

3 김을 1/4등분해요.

4 김의 끝부분을 제외하고 밥을
얇게 골고루 펴요.

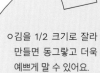

안밥모 tip

◦김을 1/2 크기로 잘라
만들면 동그랗고 더욱
예쁘게 말 수 있어요.

◦자른 김밥의 단면에 케
첩으로 볼을, 검은 깨
나 김으로 눈을 만들면
귀여운 스마일김밥이
된답니다.

5 소시지를 얹고 그 위에 남은 밥
을 동그랗게 말아 올려요.

6 돌돌 말아요.

7 먹기 좋게 잘라요.

바나나감자오트밀팬케이크

오트밀과 감자로 탄수화물을, 달걀로 단백질을, 아이들이 좋아하는 바나나로 식이섬유를 채운 영양 가득 아침 식사로 먹기 편하고 맛있는 팬케이크예요.

재료

오트밀 30g
달걀노른자 1개
바나나 1개
찐 감자 1/2개
우유 100ml
식용유 1큰술

1 볼에 오트밀을 담고 우유를 넣어 20분 이상 불려요.

2 우유에 불린 오트밀에 달걀노른자, 바나나, 찐 감자를 넣고 으깨듯 골고루 섞어요.

3 팬에 식용유를 두른 후 반죽을 먹기 좋은 크기로 올려 앞뒤로 노릇하게 구워요.

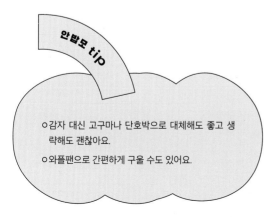

안밥모 tip

○ 감자 대신 고구마나 단호박으로 대체해도 좋고 생략해도 괜찮아요.
○ 와플팬으로 간편하게 구울 수도 있어요.

치즈명란파스타

아침 11

처음 접하면 생소할 수 있지만 일단 한번 먹어보면, 치즈와 명란이 조화롭게 어우러져 아이들이 아주 좋아하는 이색 메뉴예요. 밥을 잘 먹지 않으려는 아이들에게 인기 있는 파스타랍니다.

재료

파르팔레 50g

새우 4마리

마늘 2개

명란젓 1/3개

슬라이스치즈 1장

올리브오일 1큰술

1 끓는 물 500ml에 파르팔레를 넣어 10분 이상 푹 삶아요.

2 삶은 파르팔레는 건져 물기를 제거해요. 이때 면수는 따로 남겨둡니다.

3 팬에 올리브오일을 두르고, 슬라이스한 마늘과 새우를 넣고 볶아요.

4 마늘과 새우가 어느 정도 익으면 건져둔 파르팔레를 넣고 같이 볶아요.

5 명란젓을 넣고 볶아요.

6 면수를 반국자 넣어요.

7 치즈를 넣고 섞어요.

안밥모 tip

ㅇ나비 모양의 파스타면인 파르팔레, 알파벳 모양, 동물 모양 등 다양한 파스타면을 활용하면 호기심을 자극할 수 있어요.

ㅇ새우와 명란젓을 생략할 경우 파스타면을 삶을 때 물에 소금을 약간 추가해서 간을 조절하세요.

간편 고구마피자

아침 12

아주 손쉽게 만드는 고구마피자예요. 또띠아, 고구마, 피자치즈까지 곁들여져 간식으로도, 한 끼 식사로도 든든해요.

또띠아(15cm) 1장
익힌 고구마 1개
피자치즈 40g

1 익힌 고구마를 포크로 으깨거
나 믹서기에 넣어 곱게 갈아요.

2 또띠아 위에 고구마를 얇게 펴
발라요.

3 고구마 위에 피자치즈를 훌뿌
려요.

4 오븐에 넣고 200도에서 7분 동
안 굽거나 에어프라이어에 넣고
200도에서 5분 동안 구워요.

안밥모 *tip*

○ 고구마가 달지 않다면 꿀, 올리고당, 아가베시럽 등 1큰술을 추가
하거나 찍어 먹을 수 있도록 해주세요.
○ 믹서기를 이용해 고구마를 갈 때는 우유를 3큰술 정도 넣으면 쉽
게 갈려요.

감자수프

아침 13

아침밥을 먹지 않으려는 아이에게 간편하게 챙겨줄 수 있고, 부재료를 달리 넣으면 다양하게 만들 수 있는 감자수프예요. 부드러운 식감으로 입맛 없는 아침에도 아이가 쉽게 먹을 수 있어 든든한 한 끼 식사가 된답니다.

재료

감자 1개
애호박 20g
당근 20g
슬라이스치즈 1장
우유 100ml

1 냄비에 감자, 애호박, 당근을 넣
고 잠길 정도로 물을 담아 충분
히 삶아요.

2 믹서에 익힌 채소와 약간의 물
을 넣고 부드럽게 갈아요.

3 냄비에 2를 넣은 후 우유를 담
고 저어요.

4 끓어오르면 치즈를 넣어요.

5 원하는 농도가 될 때까지 저으
면서 끓여요.

안밥모 tip

ㅇ전자레인지용 찜용기에 채소를 담고
물을 부은 후 전자레인지에 넣어 6~7
분 정도 쪄서 사용하면 1번 과정이 생
략되어 더욱 간편해요.

감자수프로 만들기 좋은 채소 조합

	당근+완두콩
	당근+브로콜리
	당근+콜리플라워
	당근+양파+애호박
감자 +	당근+시금치+완두콩
	당근+아스파라거스+애호박
	양파+시금치
	양파+양송이버섯
	양파+콜리플라워+옥수수
	밤+완두콩

요거트팬케이크

팬케이크 반죽에 우유 대신 요거트를 사용하면 부드럽고 달콤한 팬케이크가 돼요. 밥이 아닌 빵을 좋아하는 안밥이에게 적극 추천하는 메뉴랍니다.

요거트 2큰술
푼 달걀 2큰술
쌀가루 1큰술
핫케이크가루 1큰술
식용유 1큰술

1 볼에 요거트, 달걀, 쌀가루, 핫 케이크가루를 넣고 잘 섞어요.

2 팬에 식용유를 두른 후 먹기 좋은 크기로 반죽을 올려 앞뒤로 노릇하게 구워요.

안밥모 tip

○좋아하는 과일맛 요거트를 활용하면 다양한 맛의 팬케이크를 만들 수 있어요.

○쌀가루와 핫케이크가루 중 한 가지로 2큰술을 사용해도 됩니다.

○식용유 대신 버터로 구우면 풍미가 더욱 올라가요. 간혹 버터 향을 싫어하는 아이도 있으니 다양한 방법으로 시도해보세요.

토마토달걀컵구이

아침 15

영양 만점 토마토와 달걀을 섞어 굽기만 하면 되는 아주 간편한 요리예요. 밀가루가 들어가지 않지만, 폭신폭신 달걀빵을 먹는 듯한 느낌도 주는 영양 간식이자 아이들이 좋아하는 맛있는 간편 식사예요.

재료

달걀 1개

토마토 1/2개

슬라이스치즈 1/2장

우유 2큰술

소금 약간

실리콘 머핀틀 여러 개

1 달걀, 토마토, 치즈, 우유를 볼에 담아 섞어요. 간이 부족한 것 같으면 소금을 약간 추가해요.

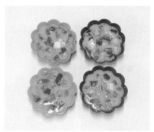

2 반죽을 실리콘 머핀틀에 부어요.

3 에어프라이어에 넣고 170도에서 7분 정도 구워요.

안밥모 tip

ㅇ소스맛을 좋아하는 아이라면 재료를 섞을 때 라구소스(58쪽 참고) 혹은 케첩을 추가하면 좋아요.

ㅇ다진 양파를 함께 넣으면 씹히는 식감을 높일 수 있어요. 아삭한 식감을 싫어한다면 다진 양파는 미리 볶아서 반죽에 넣어요.

ㅇ아기치즈, 모차렐라치즈, 파마산치즈 가루, 갈릭파우더 등 아이의 기호에 따라 재료를 변경해도 좋아요.

ㅇ머핀틀에 넣어 오븐이나 에어프라이어에 넣고 구우면 컵구이가 되고, 팬에 넓게 펴서 구우면 이탈리아식 오믈렛 피자를 만들 수 있어요. 다양한 조리 방식으로 다른 요리를 만들어보세요.

감자호떡

쌀밥을 안 먹는 아이들은 감자나 고구마를 대체해서 주면 좋다고 하지만, 이마저도 잘 먹지 않는 아이를 위한 감자호떡이에요. 겉은 바삭하고 속은 촉촉하며 달콤하고 부드러워서 한 손에 들고 먹기 좋은 간편식이에요.

재료

감자 4개
버터 10g
찹쌀가루 1큰술
전분가루 1큰술
설탕 1큰술
베이킹파우더 1/2작은술
소금 약간

1 감자를 전자레인지 용기에 담고 물을 부은 후 전자레인지에 넣어 6~7분 정도 익혀요. 감자가 뜨거울 때 볼에 담고 으깨요.

2 버터, 찹쌀가루, 전분가루, 설탕, 베이킹파우더, 소금을 넣고 버무려요.

3 동그랗게 뭉친 후 먹기 좋은 크기로 모양을 만들어요.

4 에어프라이어에 넣고 180도에서 10분, 뒤집어서 10분 동안 익혀요.

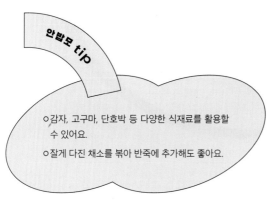

안밥모 tip

ㅇ감자, 고구마, 단호박 등 다양한 식재료를 활용할 수 있어요.
ㅇ잘게 다진 채소를 볶아 반죽에 추가해도 좋아요.

단백질 폭탄 김밥

단백질을 가득 채워줄 수 있는 간편 김밥이에요. 특히 소고기를 잘 안 먹는 안밥이들에게 추천해요. 그동안 부족했던 단백질을 한 번에 보충할 수 있는 효자 레시피랍니다.

재료

김밥용 김 1장
두부 100g
밥 70g
소고기 40g
당근 20g
애호박 20g
참기름 1큰술
식용유 1큰술

양념

간장 1+1/2큰술
맛술 1작은술
아가베시럽 1작은술
다진 마늘 1/2작은술

1 차퍼에 소고기, 당근, 애호박을 넣고 곱게 다져요.

2 팬에 식용유를 두른 후 1을 넣고 볶아요.

3 양념 재료를 넣고 볶아요.

4 두부를 넣고 으깨면서 두부의 물기가 사라질 때까지 충분히 볶아요.

5 밥을 넣어 함께 볶아요.

6 볶은 밥을 볼에 넣어 한 김 식히고 참기름을 둘러 골고루 섞어요.

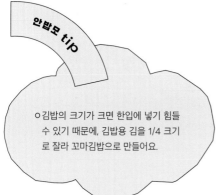

안밥모 tip

○ 김밥의 크기가 크면 한입에 넣기 힘들 수 있기 때문에, 김밥용 김을 1/4 크기로 잘라 꼬마김밥으로 만들어요.

7 김밥용 김에 올려 말아준 후 알맞은 크기로 잘라요.

123

황금볶음밥

아침 18

고소한 맛이 강렬한 달걀노른자를 이용한 황금볶음밥이에요. 달걀노른자에는 두뇌 발달에 영향을 주는 레시틴이 다량 들어 있다고 하니, 영양 가득 볶음밥으로 한 끼 든든하게 챙겨요.

밥 100g
달걀노른자 2개
다진 파 1큰술
식용유 1큰술
소금 1꼬집

1 볼에 밥과 달걀노른자를 넣어요.

2 밥알이 노른자를 충분히 흡수할 수 있도록 섞어요.

3 팬에 식용유를 두르고 다진 파를 볶아 파기름을 내요.

4 노른자를 흡수한 밥을 넣고 볶아요.

5 소금을 넣어 간을 맞춰요.

안밥모 tip

○ 볶음밥의 간으로 소금을 사용하는 대신, 간장 1작은술 또는 굴소스 1작은술로 대체할 수 있어요.

○ 팬에서 빠르게 볶아야 밥알이 촉촉한 상태로 먹을 수 있어요.

○ 꼬들한 식감을 좋아한다면 센불에서 길게 볶아요.

○ 완전식품이라고 불리는 달걀은 흰자에 필수 아미노산, 노른자에 레시틴이 있어 성장기 아이들에게 아주 좋아요.

○ 달걀흰자에 있는 황 성분이 익으면서 황화수소로 변하는데 이것이 특유의 냄새를 만들어 이 냄새에 민감한 아이들이 있어요. 익숙해질 때까지는 노른자를 활용해 요리해보세요.

소고기감자누룽지죽

아침으로 잘 먹는 누룽지죽에 소고기와 감자를 더해 고소하게 끓여낸 영양 만점 누룽지죽이에요. 차가운 바람이 불어올 때 뜨근한 소고기감자누룽지죽을 끓여 배를 든든하게 채워주세요.

감자 1개
누룽지 50g
다진 소고기 30g
버터 5g
채수(21쪽) 100ml
소금 약간
후추 약간

1 누룽지는 전날 저녁 혹은 먹기 30분 전에 찬물에 담가 불려요.

2 팬에 버터와 소고기를 넣고 소금과 후추를 약간 더해 구워요.

3 감자는 전자레인지 용기에 담아 물을 붓고 전자레인지에 넣은 후 6~7분 정도 돌려 쪄요.

4 볼에 익힌 감자, 볶은 소고기를 넣고 으깨며 섞어요.

5 팬에 채수를 담고 누룽지를 넣어 끓여요.

6 4의 재료를 모두 넣은 후 충분히 끓여요.

안밥모 tip

○ 누룽지 대신 오트밀을 넣어 오트밀죽을 만들 수 있어요.
○ 감자 대신 고구마나 호박 등으로 만들 수 있어요.
○ 채수 대신 생수를 사용해도 돼요.

7 부족한 간은 소금으로 해서 마무리해요.

연두부스크램블에그

아침 20

부드러운 연두부와 달걀을 섞어 만든 간편한 스크램블이에요. 부드럽고 고소해서 아침 식사로 먹기 좋아요. 간편한 조리 과정 대비 고단백 영양식이라 아이의 배도, 엄마의 마음도 든든해요.

재료

연두부 90g
달걀 1개
슬라이스치즈 1/2장
우유 2큰술
소금 약간

1 모든 재료를 볼에 담고 섞어요.

2 팬에 모든 재료를 넣고 끓이며
끓어오를 때 골고루 섞어요.

안밥모 tip

○ 냉장고에서 꺼낸 후 바로 먹으면 시원하게 먹을 수 있고, 특별한
요리 과정 없이 전자레인지에 살짝 데운 후 간장과 참기름을 곁
들여 반찬으로 먹어도 좋아요.

○ 연두부는 식감이 부드러워 달걀과 함께 섞어 스크램블을 만들거
나 쪄서 다양하게 활용할 수 있어요.

채소치즈프리타타

아침 21

프리타타는 달걀물에 부재료를 넣고 구워낸 이탈리아의 요리 방식이에요. 아이들이 잘 먹지 않는 채소를 맛있게 구워 간식으로도 밥반찬으로도 활용하기 좋은 간편 요리지요.

재료

달걀 2개

슬라이스치즈 1장

양파 20g

애호박 20g

파프리카 20g

당근 10g

식용유 1큰술

치킨스톡 1/3작은술

소금 약간

1 양파, 애호박, 파프리카, 당근을 잘게 다진 후 달걀, 치킨스톡, 소금과 함께 볼에 넣고 잘 섞어요.

2 팬에 식용유를 두른 후 1의 재료 중 반을 얇게 올려요.

3 치즈를 올리고 그 위에 남은 재료를 다시 올려요.

4 뚜껑을 닫고 약불에서 5~7분 정도 익힌 후 불을 끄고 뜸을 들여 완성해요.

안밥모 tip

ㅇ 들어가는 채소는 기호에 따라 빼거나 추가할 수 있어요.

감자수제비

아침 22

부드럽게 익힌 감자수제비가 호로록 먹기 좋아서 쌀밥을 먹기 힘들어
하는 아이들에게 아침 식사 대용으로 주면 좋아요.

재료

찐 감자 1개
달걀 1개
밀가루 60g
애호박 30g
당근 20g
물 50ml
식용유 1작은술
소금 약간

육수
물 500ml
멸치 5마리
다시마 1조각
무 60g
파 1/2대
양파 1/4개

안밥모 *tip*

○ 밀가루 대신 쌀가루를 이용해서 만들 수 있어요.
○ 감자 대신 고구마, 호박 등 다양한 재료를 활용할 수 있어요.

1 볼에 찐 감자를 넣고 으깬 후 밀가루, 소금, 물을 넣고 골고루 섞어요.

2 반죽이 둥글게 말아지면 식용유를 넣고 손으로 치대며 반죽해요.

3 비닐 팩에 반죽을 넣은 후 냉장고에 넣고 30분 이상 숙성시켜요.

4 냄비에 육수 재료를 모두 넣고 끓어오르면 5분 후 다시마를 건져 5분간 더 끓이고 나머지 재료를 모두 건져요.

5 당근은 채로 썰어 육수가 든 냄비에 넣고 끓여요.

6 숙성시켜둔 반죽을 한입 크기로 얇게 떼서 넣어요.

7 애호박은 한입 크기로 썰어 넣고 끓여요.

8 달걀을 풀고 잘 저으며 끓여요. 부족한 간은 소금을 더해 완성해요.

두부토스트

아침 23

부드러운 두부와 갖은 채소를 넣어 만든 두부토스트는 고단백 요리예요. 든든한 아침 식사로 안성맞춤이지요.

달걀 1개

슬라이스치즈 1장

슬라이스햄 1장

두부 1/3모

양파 20g

애호박 20g

당근 10g

부침가루 1큰술

식용유 1큰술

소금 1꼬집

후추 1꼬집

1 양파, 애호박, 당근은 차퍼에 넣고 곱게 다져요.

2 두부는 면포로 감싸고 손으로 짜 물기를 제거한 후 볼에 담고 다진 채소를 넣어요.

3 볼에 달걀, 부침가루, 소금, 후추를 넣고 섞어요.

4 팬에 식용유를 두른 후 반죽을 넓게 깔아요.

5 치즈와 햄을 올려 바닥면이 익으면 반으로 접은 후 앞뒤로 노릇하게 구워요.

안밥모 tip

○ 기호에 따라 재료를 더하거나 뺄 수 있어요.

○ 햄, 치즈, 베이컨 등 아이가 좋아하는 재료를 넣어주세요.

○ 구운 후 설탕이나 케첩을 뿌리면 아이들이 더욱 잘 먹어요.

Chapter 3

꿀떡꿀떡 넘어가는
부드러운 식감의 요리

From.
라라
지혜지은맘
커피향솔솔
예쁜우리아가
또또형제
하둥이
꾸마
준형제
블리
윤앤송
도도

굴림만두

부들부들 01

평안도 겨울철 향토 음식인 굴림만두는 밀가루가 귀한 산간 지방에서
밀가루가 많이 들어가는 만두피 대신 밀가루 위에 만두소를 굴려 만든
것이라고 해요. 만두피가 얇아 아이들이 먹기 편해 유아식 입문 메뉴로
도 유명해요.

재료

다진 돼지고기 100g

애호박 20g

당근 20g

양파 20g

양송이버섯 10g

달걀 1개

갈릭파우더 1/2큰술

쌀가루 적당량

후추 약간

소금 약간

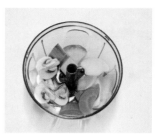

1 차퍼에 애호박, 당근, 양파, 양
송이버섯을 넣고 곱게 다져요.

2 볼에 다진 돼지고기와 다진 채
소, 달걀, 쌀가루 1큰술, 갈릭파
우더, 소금, 후추를 넣고 잘 섞
어요.

3 잘 섞은 반죽을 먹기 좋은 크기
로 동그랗게 모양을 만들어요.

4 쌀가루를 흩뿌린 후 동글동글
굴려 반죽에 골고루 묻혀요.

5 찜기에 물을 붓고 면포를 깔아
반죽을 올린 후 20분 동안 쪄
서 완성해요.

안밥모 tip

○ 대량으로 만든 굴림만두는 익히지 않고 냉동 보관하며 필요할 때마다 쪄 주
면 됩니다.

○ 쪄서 먹거나 만둣국 또는 달걀국 등 다양한 국에 넣어서 먹을 수 있어요.

○ 쌀가루까지 묻힌 후 달걀, 빵가루 순서로 묻혀 튀기면 멘치가스가 된답니다.
바삭한 식감을 좋아하는 아이들은 튀겨서 주면 좋아요.

푸딩달걀찜

부들부들 02

푸딩처럼 탱글하고 부들부들한 식감의 부드러운 달걀찜을 만들어보세요. 입맛 까다로운 아이들도 부드러운 달걀찜은 순식간에 뚝딱 한답니다.

달걀 1개
멸치다시마육수(23쪽) 100ml

양념
맛술 1/2작은술
소금 2~3꼬집
설탕 1꼬집

1 달걀은 체에 거른 후 알끈을 제 거해요.

2 볼에 체에 거른 달걀을 담은 후 양념 재료와 멸치다시마육수를 넣고 섞어요.

3 찜기용 그릇에 **2**를 담고 찜기 에 물을 부은 후 그릇을 올려 25분간 쪄요.

안밥모 tip

○ 멸치다시마육수 대신, 해물육수팩, 가 쓰오부시 우린 물, 채수 등 아이의 기호 에 따라 육수를 선택할 수 있어요.

○ 소금 대신 참치액젓 1작은술을 넣어도 감칠맛을 살릴 수 있어요.

○ 달걀 비린내에 민감한 경우 쯔유 1작은 술을 추가하면 가쓰오부시 향이 더해져 기호성을 올릴 수 있어요.

가지무조림

부들부들 03

달콤한 무와 단짠 양념으로 가지를 조리면, 가지를 먹지 않는 아이도
콕콕 찍어 먹는 재미에 빠져들어요. 말캉말캉 입안에서 녹아내리는 부
드러운 식감에 단짠 양념이 어우러진 맛있는 밥반찬이에요.

무 100g
가지 50g
멸치다시마육수(23쪽) 200ml
다진 마늘 1/2작은술

양념
간장 3작은술
설탕 1작은술

1 무와 가지는 먹기 좋은 크기로 깍둑썰기 해요.

2 멸치다시마육수에 무를 넣고 끓여요.

3 다진 마늘을 넣어요.

4 양념 재료를 섞어 양념을 만든 후 육수에 넣어요.

5 무가 충분히 익을 수 있도록 푹 끓여요.

6 무가 익으면 가지를 넣고 육수가 자작해질 때까지 볶아요.

안뱃모 tip

ㅇ가지를 싫어할 것이라는 편견을 가지지 말고 어릴 때부터 다양한 가지 요리를 접할 수 있게 해주세요.

ㅇ조리 방식에 상관없이 부드러운 식감의 가지는 아이들이 먹기 좋은 식재료예요.

달걀밥찜

달걀찜을 할 때 밥을 함께 넣고 찌게 되면 밥알이 달걀물을 흡수하여 더욱 부드럽고 맛있는 달걀밥찜이 된답니다. 만들기도 간편하고 아이들이 잘 먹지 않는 채소와 밥을 함께 줄 수 있어 영양이 가득한 메뉴예요.

재료

달걀 1개

밥 80g

소고기 30g

표고버섯 10g

양파 10g

애호박 10g

파프리카 10g

버터 5g

우유 100ml

간장 1작은술

(또는 새우젓 1작은술

또는 소금 2~3꼬집)

1 소고기, 표고버섯, 양파, 애호박, 파프리카를 차퍼에 넣고 곱게 다져요.

2 팬에 버터, 다진 고기와 채소를 넣고 볶아요.

3 달걀은 부드러워지도록 체에 걸러요.

4 볼에 달걀, 우유, 볶은 고기와 채소, 밥을 넣고 골고루 섞은 후 간장을 추가해요.

5 찜기용 그릇에 4를 담아요. 찜기에 물을 넣고 찜기용 그릇을 올린 후 물이 끓기 시작하면 20분 정도 쪄요. 20분 후 젓가락으로 찔러보고 묻어나오는 게 있으면 더 익혀요.

안밥모 tip

o 좀 더 부드러운 식감을 원한다면 우유나 물을 추가해요.

o 재료를 섞을 때 밥알이 달걀을 충분히 흡수할 수 있도록 섞어야 해요. 10분 정도 퍼지도록 두면 밥알이 겉돌지 않아요.

o 간을 할 때 간장, 새우젓, 소금에 따라서 아이들의 기호가 다를 수 있으니 다양하게 도전해보세요.

o 참기름이나 후추를 추가해도 좋아요.

o 찌는 용기가 유리일 경우 내부에 참기름을 발라주면 나중에 잘 떨어져요.

o 용기의 뚜껑을 닫아야 빨리 익을 뿐만 아니라 모양도 예쁘게 만들어져요.

소고기가지빵

포슬포슬 술빵과 같은 식감에 불고기맛 소고기와 가지가 어우러져 간식으로도 식사로도 좋답니다. 한입 사이즈로 잘라주면 손으로 쏙쏙 계속 집어 먹게 되는 맛있는 소고기가지빵이에요.

재료

달걀 1개
다진 소고기 20g
다진 가지 20g
다진 양파 20g
버터 5g
쌀가루 2작은술
핫케이크가루 2작은술

양념

간장 1작은술
갈릭파우더 1/2작은술
후추 약간

안밥모 tip

○ 갈릭파우더는 다진 마늘의 씹히는 식
감이 느껴지지 않으면서 소고기 잡내
를 잡아주는 역할을 한답니다.

○ 핫케이크가루를 활용하는 이유는 바
닐라 향이 달걀의 비린 맛을 없애주
고 향을 풍부하게 해주는 역할을 하
기 때문이에요. 바닐라에센스가 있다
면 핫케이크가루 대신 쌀가루 또는
오트밀가루를 사용하고 바닐라에센
스를 추가해도 좋아요.

○ 전자레인지 작동 시 용기의 뚜껑을
덮어 수분 증발을 막아야 촉촉한 식
감을 만들 수 있으나, 팽창으로 인한
폭발 우려가 있으니 에어홀이 있는
실리콘 덮개로 덮거나 랩핑을 한 후
구멍을 뚫어 숨구멍을 만들어주세요.

1 팬에 버터와 다진 양파를 넣고 양파가 투명해질 때까지 볶아요.

2 다진 소고기를 팬에 넣고 함께 볶아요.

3 팬에 양념 재료를 넣고 소고기가 충분히 익도록 골고루 섞으며 볶아요.

4 볼에 달걀, 볶은 양파와 소고기, 다진 가지, 쌀가루, 핫케이크가루를 넣고 골고루 섞어요.

5 전자레인지 용기에 담은 후 전자레인지에 넣어 3분간 돌려요. 이때 부풀어 오를 수 있어서 용기의 절반만 채워요.

가지스테이크

부들부들 06

가지볶음과는 완전 다른 매력을 가진 가지스테이크는 한 번 먹어보면
가지를 싫어하던 아이나 어른도 가지의 새로운 매력에 빠지게 되는
레시피예요. 푹 익혀 부드러운 식감에 단짠 소스까지 더해져 정말 맛
있는 가지 반찬이지요.

가지 1/2개
식용유 2큰술

양념
물 1큰술
간장 1/2큰술
올리고당 1/2큰술

1 가지는 절반으로 잘라 칼집을
내요.

2 팬에 식용유를 두르고 가지를
올려 튀기듯이 앞뒤로 구워요.
이때 가지의 속 부분이 바닥에
가도록 먼저 구워요. 가지가 흡
수하는 기름의 양이 많기 때문
에 기름이 부족하면 충분히 둘
러 노릇하게 익혀요.

3 양념 재료를 잘 섞어서 양념을
만들어요.

4 양념을 앞뒤로 노릇하게 구운
가지에 끼얹어요.

5 약불에서 양념이 가지에 고루
배도록 앞뒤로 구워요.

안밥모 tip

○ 충분히 가지를 구워야 부드러운 식감
을 극대화시킬 수 있어요.

무나물

부들부들 07

"가을에 먹는 무는 인삼보다 좋다"는 속담이 있을 정도로 무는 각종 미네랄, 섬유소, 비타민 C의 함량이 높다고 해요. 간장으로 맛을 낸 달콤한 무나물로 아이의 영양을 채워주세요.

재료

무 100g
쌀뜨물 100ml
다진 파 1큰술
들기름 1큰술

양념

간장 1작은술
참치액젓(또는 멸치액젓) 1작은술
설탕 1/2작은술
소금 1꼬집
다진 마늘 약간(생략 가능)
깨 약간(생략 가능)

1 팬에 들기름을 두르고 다진 파를 넣어 약불에서 볶아요. 이때 참기름보다는 높은 발연점을 가진 들기름이지만, 높은 온도로 가열하면 좋지 않으니 약불에서 빠르게 살짝만 익혀 향만 내주세요.

2 무는 채 썬 후 팬에 넣고 가볍게 볶아요.

3 팬에 무가 잠길 정도로 쌀뜨물을 붓고 끓여요. 양념을 만든 후 팬에 섞어요.

4 무가 푹 익을 정도로 약불에서 익힌 후 쌀뜨물이 졸아들면 불을 꺼요.

안밥모 tip

○ 달콤한 무나물은 반찬으로도 좋지만, 자작한 국물을 이용해 덮밥 형식의 한 그릇 음식으로도 활용하기 좋아요.

○ 무염식을 하는 아이들은 채수로만 무를 졸인 후 들기름을 넣어 마무리해도 좋아요.

○ 채칼로 썬 무가 균일하고 얇게 잘리니 채칼을 이용해보세요.

○ 채 썬 후 깍둑썰기로 입자를 작게 잘라도 좋아요.

○ 다진 파, 다진 마늘, 깨는 구강 감각이 예민한 아이는 먹기 어려워할 수도 있어요.

무 활용법

① 잎에 가까운 윗부분: 단맛이 강해 샐러드나 생채 요리에 사용하기 좋아요.

② 중간 부분: 단단하고 아삭해 볶음이나 조림 등 다양하게 활용할 수 있어요.

③ 뿌리에 가까운 아랫부분: 수분이 많고 매운맛이 강해 무즙, 절임, 국 요리, 육수용으로 사용하기 좋아요.

들깨무나물

부들부들 08

푹 익힌 무는 달콤하고 부드러워서 유아식에 입문하는 아이들에게도 인기가 높은 반찬이에요. 고소한 향기와 풍미가 좋은 들깨무나물을 만들어보세요.

재료

무 100g
물 100ml
들깻가루 2큰술
들기름 1큰술
간장 1작은술

1 무는 채 썬 후 팬에 들기름과 함께 올려 무를 코팅하듯 볶아요.

2 물에 들깻가루를 풀어요.

3 들깻가루를 푼 물을 팬에 부어 무와 잘 섞어요.

4 팬에 간장을 넣어요.

5 무가 푹 익을 정도로 약불에서 익힌 후 졸아들면 불을 꺼요. 무가 충분히 익지 않았다면 물을 조금씩 부어가며 끓여요.

안밥모 tip

○ 들기름을 싫어하는 아이의 경우 들기름 없이 조리해주세요.

○ 무가 씹히는 식감조차 거부하는 아이의 경우 뚜껑을 닫은 후 뜸을 들여 충분히 익혀주세요.

○ 무를 다지거나 잘라줘도 거부한다면, 믹서기에 넣고 갈아서 소스로 활용해보세요.

연두부당근전

곱게 간 당근과 부드러운 연두부로 전을 구우면 마치 따뜻한 푸딩같이 입안에서 사르르 녹는 기분 좋은 극강의 부드러움을 느낄 수 있어요. 음식 씹는 것을 거부하는 아이들도 고소하게 잘 먹을 수 있답니다.

재료

달걀 1개
연두부 90g
당근 30g
부침가루 2큰술
우유 1큰술
식용유 1큰술
소금 1꼬집

1 당근은 강판에 곱게 갈아요.

2 볼에 달걀, 연두부, 간 당근, 부침
가루, 우유, 소금을 넣고 골고루
섞어요.

3 팬에 식용유를 두르고 반죽을
먹기 좋은 크기로 올려 앞뒤로
노릇하게 구워요.

안밥모 tip

○ 부침가루 대신 핫케이크가루를 활용하거나, 바닐라에센스를 추가로 넣으
면 달걀의 비린 맛을 감추고 풍미를 올릴 수 있어요.

○ 당근 대신 갖은 채소를 곱게 갈아서 넣어도 잘 어울린답니다.

○ 따뜻할 때 먹어야 더욱 부드러워요.

간편 두부조림

부들부들 10

전자레인지를 이용하여 만드는 아주 간편한 두부조림이에요. 단짠 간장소스가 맛있게 배어든 고소한 두부조림은 부드러운 식감을 좋아하는 아이들에게 인기 있는 반찬이에요.

재료

두부 1/2모

양념
간장 2큰술
물 2큰술
아가베시럽 1큰술
다진 파 1큰술
참기름 1/2큰술
다진 마늘 1/2작은술
깨 약간

1 두부는 먹기 좋은 크기로 잘라 전자레인지 용기에 담아요.

2 양념 재료를 잘 섞어 양념을 만들어요.

3 숟가락을 이용해 두부에 양념을 골고루 끼얹어요.

4 뚜껑을 닫고 전자레인지에 넣어 4분 동안 작동시켜 완성해요.

안밥모 tip

○ 다진 파와 다진 마늘은 충분하게 익지 않으면 맛과 향이 자극적일 수 있으니 익숙하지 않거나 싫어하는 아이들에게는 소량 사용하거나 혹은 생략해도 좋아요.

○ 다진 마늘 대신 갈릭파우더로 대체해서 사용할 수 있어요.

○ 두부만 먹지 않으려 할 경우 으깨어 밥과 비벼주거나 주먹밥으로 만들어서 주면 좋아요.

고구마우유조림

부들부들 11

버터에 구운 고구마를 우유에 조려서 달콤하고 부드럽게 먹을 수 있
는 맛있는 고구마 반찬이에요. 간식으로 줘도 아주 잘 먹는답니다.

재료

찐 고구마 50g
버터 5g
우유 50ml
설탕 1/2큰술
소금 1꼬집

1 찐 고구마를 0.5cm 두께로 얇게 썰어요.

2 팬에 버터를 넣고 고구마를 앞뒤로 노릇하게 구워요.

3 우유를 붓고 끓여요.

4 설탕과 소금을 넣어요.

5 원하는 농도까지 조려서 완성해요.

안밥모 tip

○ 고구마의 모양은 깍둑썰기, 나박썰기, 채썰기 등 기호에 맞춰 썰어요.

○ 찐 고구마를 사용하면 조리 시간이 짧아지며, 생고구마를 사용해도 좋아요.

○ 생고구마를 사용했을 경우 젓가락으로 찔러 익었는지 확인하며, 익을 때까지 우유를 추가하며 조려요.

부드러운 호박전

부들부들 12

애호박을 갈아서 만들면 식감이 살아 있는 호박전을 먹지 않는 아이도 잘 먹어요. 바삭하고 부드러운 호박전으로 호박의 맛을 느끼게 해주세요.

재료

애호박 1/2개
물 50ml
부침가루 5큰술
식용유 1큰술

1 애호박은 물과 함께 믹서기에 넣어 부드럽게 갈아요.

2 볼에 1과 부침가루를 넣고 잘 섞어 반죽을 만들어요.

3 팬에 식용유를 두른 후 반죽을 먹기 좋은 크기로 올려 노릇하게 구워요.

안밥모 tip

○ 당근, 양파 등 다양한 채소들도 함께 갈아서 활용할 수 있어요.

도토리묵무침

부들부들 13

한의학에서 도토리는 대장 기능을 강화하는 식품으로 쓰여왔다고 해요. 도토리의 주성분인 탄닌은 대장 운동을 촉진해 독소를 대장에서 빠르게 통과시키고 해독 작용을 한다고 하니 몸에도 이롭고, 말캉말캉 부드러운 식감이 재미있어 의외로 아이들이 잘 먹는 맛있는 반찬이랍니다.

(재료)

도토리묵 100g

양념

김가루 1큰술

매실청 1큰술(또는 설탕 1/2작은술)

간장 1/2큰술

참기름 1/2큰술

1 뜨거운 물에 도토리묵을 넣어 충분히 데쳐요.

2 데친 도토리묵을 찬물로 헹구거나 한 김 식혀요.

3 도토리묵을 먹기 좋은 크기로 잘라요.

4 볼에 도토리묵과 양념 재료를 모두 넣고 무쳐요.

안밥모 tip

○아삭아삭한 채소를 좋아하는 아이들은 오이나 당근을 더하면 다양한 식감을 경험할 수 있어요.

○견과류나 통깨를 넣어도 좋지만 구강 감각이 예민한 아이들은 부재료 없이 묵만 사용해보는 것을 추천해요.

배추볶음

배추가 맛있는 계절에 만들면 더없이 맛있는 배추 반찬이 되지요. 설탕 없이도 달큰한 배추로 단맛을 내는 가을 반찬으로 안밥이들의 입맛을 사로잡아보세요.

재료

배추 잎 3~4장
멸치다시마육수(23쪽) 50ml

양념
간장 1/2큰술
다진 마늘 1작은술
참기름 1작은술
깨소금 1/2작은술
소금 1꼬집

1 배추는 한입 크기로 잘라요.

2 냄비에 멸치다시마육수와 배추를 넣고 끓여요.

3 배추의 숨이 죽으면 양념 재료를 넣고 끓여서 완성해요.

안밥모 tip

ㅇ배추 줄기나 이파리에 보이는 검은 반점은 질소 비료의 과소 혹은 과다 공급으로 생겨난 깨씨무늬 증상이라고 해요. 농약이나 병충해로 인한 증상이 아닌, 생리적인 장해 현상으로 먹는 것에는 문제가 없으나, 저장 과정에서 식감이 쉽게 물러질 수 있으니 유의하세요.

고단백 두부찜

부들부들 15

고기를 잘 먹지 않는 아이들을 위한 닭고기와 두부를 이용해 부드럽게 쪄낸 찜 요리예요. 씹을수록 고소한 맛이 일품이에요.

재료

다진 닭고기 100g
달걀 1개
두부 1/2모

양념
참치액젓 1작은술
맛술 1작은술
갈릭파우더 1작은술
참기름 1작은술
소금 1꼬집

1 볼에 다진 닭고기와 달걀을 넣은 후 두부를 으깨서 담아요.

2 볼에 양념 재료를 모두 넣고 골고루 섞어요.

3 찜기용 그릇에 반죽을 담아요. 찜기에 물을 넣고 찜기용 그릇을 올려 물이 끓고 난 후 약 20분간 쪄요.

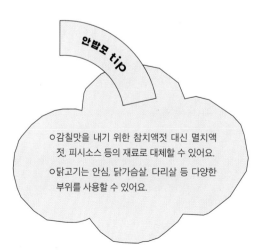

안빵모 tip

o 감칠맛을 내기 위한 참치액젓 대신 멸치액젓, 피시소스 등의 재료로 대체할 수 있어요.

o 닭고기는 안심, 닭가슴살, 다리살 등 다양한 부위를 사용할 수 있어요.

고구마닭조림

부들부들 16

달콤한 고구마와 부드러운 닭다리살을 이용해서 맛있게 조려낸 고구
마닭조림이에요. 입맛이 없을 때 근사한 반찬이 되어준답니다.

재료

닭다리 2개
마늘 3~4개
월계수잎 1장
대파(흰 부분) 1대
당근 30g
고구마 30g
물 400ml

양념
배즙 50ml
간장 2큰술
참기름 1큰술

1 냄비에 물, 닭다리, 월계수잎, 마늘, 대파를 넣고 약 30분간 푹 삶아요.

2 닭다리가 다 익으면 건져서 먹기 좋게 찢어요. 이때 닭다리를 삶은 육수는 따로 둡니다.

3 팬에 닭다리를 삶은 육수 2국자를 담고 당근과 고구마를 깍둑 썬 후 팬에 넣어 익혀요.

4 닭다리살을 팬에 넣고 양념 재료를 섞은 후 조려요.

안뽀모 tip

○일반적으로 닭 요리에 사용하는 감자보다는 달콤한 맛이 나는 고구마, 단호박을 이용하면 좋아요.

Chapter 4

씹는 맛이 즐거운
바삭한 식감의 요리

From.
달콩
도도
또니맘
라라
열매맘
예쁜우리아가
오호라
윤앤송
율하봉이맘
쭈니맘 쭈
쿠데타마
햇빛통신

두부햄버그스테이크

'밭에서 나는 소고기'라 불리는 최고의 식물성 단백질인 두부에 채소와 고기를 더해 노릇노릇 구워낸 영양 만점 두부햄버그스테이크예요. 체력을 보충시키고 싶을 때 맛있게 구워서 식탁에 올려보세요. 한 그릇을 비우고 나면 불끈불끈 힘이 솟을 거예요.

재료

두부 1모
달걀 1개
다진 소고기 80g
다진 양파 50g
다진 당근 30g
식용유 2큰술
간장 1작은술
갈릭파우더 1작은술
소금 1꼬집

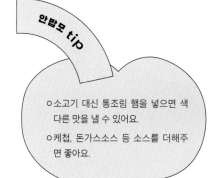

안밥모 tip

○ 소고기 대신 통조림 햄을 넣으면 색
다른 맛을 낼 수 있어요.

○ 케첩, 돈가스소스 등 소스를 더해주
면 좋아요.

1 팬에 식용유 1큰술을 두르고 잘게 다진 당근, 양파, 소고기를 넣고 볶아요.

2 간장, 소금, 갈릭파우더를 넣고 섞어요.

3 중약불에서 충분히 볶다가 고기가 다 익으면 센불에서 수분을 날리며 볶아요.

4 두부는 접시에 담아 전자레인지에 넣고 1분간 돌려요. 수분을 제거해서 반죽하기 수월해요.

5 두부를 면포로 감싸 꽉 짜서 물기를 제거해요. 면포 대신 키친타월을 이용해도 돼요.

6 볼에 볶은 재료와 두부, 달걀을 넣고 손으로 충분히 치대 반죽을 만들어요.

7 먹기 좋은 크기로 동그랗고 납작하게 모양을 만들어요.

8 팬에 식용유 1큰술을 두르고 반죽을 올려 앞뒤로 구워요.

173

순살생선강정

바삭한 식감 02

구운 생선을 잘 먹지 않는 아이들도 바삭한 식감과 단짠 소스의 매력에 자꾸만 손이 가는 맛있는 생선 반찬이에요. 생선에는 단백질 함량이 높고 불포화 지방산, 오메가 3가 함유되어 있어 고기를 먹지 않는 아이들에게 좋은 단백질원이 된답니다.

재료

흰살 생선(동태, 대구, 삼치 등) 50g
식용유 20ml
전분가루 2큰술

양념
물 2큰술
긴장 1근술
올리고당 1큰술

1 생선을 먹기 좋은 크기로 자른 후 뜨거운 물을 부어요. 뜨거운 물을 부으면 생선의 비린내를 제거할 수 있어요.

2 생선에 전분가루를 골고루 묻혀요.

3 팬에 식용유를 넉넉히 두르고 생선을 앞뒤로 노릇하게 구워요.

4 양념 재료를 섞어 양념을 만들어요. 팬에 양념만 넣고 바글바글 끓여요.

5 팬에 불을 끄고 구운 생선을 넣어 소스와 버무려요.

안밥모 tip

○ 생선에 전분가루를 묻힐 때 비닐 팩에 넣고 흔들어 주면 고르게 묻히고 뒷정리가 쉬워요.

○ 이유식 혹은 유아식 재료로 판매하는 순살 생선 또는 생선 큐브를 이용하면 편리해요.

○ 간에 예민한 아이들은 소스 없이 전분가루만 묻혀 구워도 좋아요.

○ 전분가루의 쫀득함을 싫어한다면 쌀가루, 부침가루, 오트밀가루 등을 활용해보세요.

두부꿔바로우

바삭한 식감 03

고기를 잘 먹지 않는 아이들을 위한 단백질 대체 식품으로 좋은 두부를 바삭하게 튀겨 이색적으로 먹을 수 있는 두부꿔바로우예요. 두부를 잘 먹지 않는 아이도 바삭하고 쫀득한 두부튀김의 재미있는 식감과 새콤달콤한 케첩소스의 매력을 느낄 수 있을 거예요.

재료

두부 1/2모
다진 양파 20g
물 50ml
식용유 20ml
전분가루 2큰술
올리브오일 1큰술

양념

케첩 2큰술
아가베시럽 1큰술
간장 1큰술

1 두부를 깍둑썰기 한 후 키친타월로 톡톡 두드려 물기를 제거해요.

2 두부에 전분가루를 골고루 묻혀요.

3 팬에 식용유를 충분히 두른 후 두부를 노릇하게 튀기듯 구워요. 이때 전분옷이 서로 붙으면 떼기 힘드니 간격을 띄워주세요. 노릇하게 구운 두부는 건져낸 후 기름을 빼주세요.

4 팬에 올리브오일을 두른 후 다진 양파를 볶아요.

안밥모 tip

○ 전분가루는 바삭하고 쫀득하게 늘어나는 식감이라 거부가 심하다면 부침가루 또는 밀가루를 이용해서 만들어도 좋아요.

○ 케첩의 새콤달콤한 맛을 싫어한다면 케첩을 빼고 간장소스로 만들어도 좋아요.

5 팬에 양념 재료를 넣고 볶은 후 물을 붓고 끓여요. 보글보글 끓어오르면 불을 꺼요.

6 튀긴 두부를 넣고 버무려요.

꼬마돈가스

바삭한 식감 04

아이들이 잘 먹는 돈가스는 집에서도 쉽게 만들 수 있어요. 첨가물 걱정 없이 고기를 가득 넣어 맛있게 만드는 꼬마돈가스 레시피를 소개합니다.

재료

다진 돼지고기 100g

다진 양파 30g

달걀 1개

밀가루 50ml

빵가루 50ml

식용유 20ml

맛술 1큰술

소금 4~5꼬집

생강가루 1꼬집

후추 약간

1 볼에 다진 돼지고기와 다진 양파, 맛술, 소금, 생강가루, 후추를 넣고 잘 섞어 반죽해요.

2 한 숟가락씩 퍼서 동글납작하게 모양을 만들어요.

3 밀가루, 달걀, 빵가루 순서로 튀김옷을 입혀요.

4 팬에 식용유를 넉넉히 두르고 반죽을 올려 앞뒤로 노릇하게 구워요.

안밥모 tip

○튀김옷만 입히고 냉동실에 넣어 보관한 후 먹이기 전에 꺼내 기름에 튀기거나, 튀긴 후 바로 냉동시켜 먹기 전에 에어프라이어에 넣고 170도에서 3분간 데워서 줄 수 있어요.

○기호에 따라 케첩이나 다양한 소스를 곁들이면 더욱 맛있어요.

당근뢰스티

바삭한 식감 05

당근의 맛은 사라져버리고 달콤한 군고구마 맛이 나는 마법의 당근 레시피예요. 당근을 떠올릴 수 없는 달콤함과 바삭한 식감으로 아이들의 입맛을 사로잡아줄 거예요.

재료

당근 70g
식용유 3큰술
전분가루 2큰술
소금 1꼬집

1 당근을 아주 얇게 채를 썰어요.

2 볼에 채 썬 당근을 담고 소금을 넣어 섞어요.

3 당근에 전분가루를 뿌린 후 젓가락을 이용해 당근에 코팅하듯 전분가루를 입혀요.

4 팬에 식용유를 충분히 두르고 당근을 얇게 올려 튀기듯 앞뒤로 노릇하게 구워요.

안밥모 tip

○ 당근은 채칼을 이용해 얇게 저민 후 칼로 채 썰어주면 가늘고 얇게 썰 수 있어요.

○ 팬에 당근을 조금씩 얇은 두께로 올린 후 기름을 충분히 두르며 구워야 바삭하게 구울 수 있어요.

○ 당근이 익으면서 나오는 수분이 증발하면서 바삭하게 굽기 위해서는 코팅팬 이용 시 처음부터 끝까지 중간에서 센불로 굽고, 스텐팬 이용 시 예열 후 약불에서 천천히 구워야 해요.

가지튀김

바삭한 식감 06

호불호가 강할 것 같은 가지는 의외로 아이들이 잘 먹는 채소예요. 특히 가지튀김은 겉은 바삭하고 속은 부드러워요. 가지튀김으로 가지는 맛있는 채소라는 걸 알려주세요. 튀김으로만 먹어도 좋고, 간장소스를 더해 가지튀김덮밥으로도 활용할 수 있어요.

가지 1개
달걀 1개
밀가루 50g
빵가루 50g
식용유 20ml

1 가지는 0.5cm 두께로 슬라이스해요.

2 가지를 밀가루, 달걀, 빵가루 순서로 튀김옷을 입혀요.

3 팬에 식용유를 충분히 두른 후 앞뒤로 노릇하게 튀겨요.

안밥모 tip

○ 가지튀김덮밥을 만들 경우 소스는 멸치다시마육수(23쪽) 또는 물 100ml에 간장 1큰술, 설탕 1큰술를 넣고 졸인 후 밥에 붓고 가지튀김을 곁들여요.

○ 밀가루 대신 부침가루, 쌀가루, 오트밀가루로 대체할 수 있어요.

○ 카레 향을 좋아하는 아이는 밀가루에 카레가루를 섞어 만들면 좋아요.

○ 에어프라이어를 활용하면 간편하긴 하지만 기름에 튀긴 튀김이 더 맛있어요.

팽이버섯전

바삭한 식감 07

버섯은 영양 성분이 다양하고 필수 아미노산이 많아 성장기 어린이의 발육에 좋은 식재료예요. 특히 팽이버섯은 식이섬유가 양배추보다 2배나 많지요. 겉은 바삭, 속은 아삭한 식감으로 아이들이 좋아하는 아주 간단한 메뉴랍니다.

재료

팽이버섯 50g

부추 5g

달걀 1개

식용유 1큰술

어니언파우더(또는 갈릭파우더) 1작은술

참치액젓(또는 멸치액젓, 피시소스) 1작은술

소금 1꼬집

1 팽이버섯과 부추는 적당한 크기로 잘라요.

2 자른 재료를 볼에 담고, 달걀을 넣어요.

3 어니언파우더를 넣어요. 또는 생략해도 됩니다.

4 참치액젓을 넣어요.

5 부족한 간은 소금으로 더하고 재료를 잘 섞어요.

6 팬에 식용유를 두른 후 반죽을 먹기 좋은 크기로 올려 앞뒤로 노릇하게 구워요.

안팎모 tip

○ 팽이버섯은 통째로 먹는 것보다 잘게 썰어 먹을 때, 상온의 버섯보다 한 번 얼렸다가 해동 후 먹을 때 세포벽이 찢어지면서 세포 속의 버섯 키토산 등의 성분 용출이 쉬워 영양소 흡수가 더 잘 된다고 해요.

○ 부추 대신 파, 달래로 대신해도 좋아요.

○ 게맛살을 더해도 좋아요.

○ 입자 거부가 심하다면 아주 잘게 다져서 넣어주세요.

오트밀스틱가스

바삭한 식감 08

가늘고 길쭉한 잡채용 돼지고기 등심을 오트밀가루에 묻혀 바삭하게
튀겨낸 오트밀스틱가스는 튀김옷의 바삭한 식감을 좋아하는 아이가
고기까지 맛있게 먹을 수 있는 핑거스틱이에요.

재료

잡채용 돼지고기 등심 100g
밀가루 50g
오트밀가루 50g
달걀 1개
식용유 20ml
소금 1~2꼬집
후추 약간

1 돼지고기에 소금과 후추를 뿌려 밑간을 해요.

2 밑간한 돼지고기를 밀가루, 달걀, 오트밀가루 순서로 묻혀요.

3 팬에 식용유를 두르고 돼지고기를 바삭하게 튀겨요.

안밥모 tip

○ 먹고 남은 튀김은 냉동 보관 후 먹기 전 에어프라이어에서 170도로 3분간 데우면 좋아요.

○ 퀵오트밀을 그대로 사용해도 좋지만, 믹서기에 넣고 갈아서 가루로 만든 후 사용하면 더욱 바삭하고 맛있는 튀김옷이 된답니다.

두부가스

우리가 알지 못했던 두부의 새로운 모습을 발견할 수 있는 두부가스는 조리 과정은 간단하지만 맛은 보장된 매력적인 요리예요. 바삭한 식감에 씹을수록 고소한 맛이 느껴져 두부를 먹지 않는 아이도 잘 먹는 두부 반찬이에요.

두부 1/2모
달걀 1개
밀가루 50g
빵가루 50g
식용유 20ml

1 두부를 적당한 두께로 썰어요.

2 두부를 키친타월로 톡톡 두드려 물기를 제거해요.

3 밀가루, 달걀, 빵가루 순서로 두부에 튀김옷을 입혀요.

4 팬에 식용유를 두르고 두부를 바삭하게 튀겨요.

안밥모 *tip*

○ 두부를 얇게 자를수록 더욱 맛있어요.

○ 돈가스처럼 보이기 위해 넓고 크게 만들었지만, 한입 크기로 작게 잘라 만들면 튀김옷 면적이 넓어져 두부가스의 바삭함을 더욱 맛있게 즐길 수 있어요.

○ 케첩이나 머스터드 등 아이가 좋아하는 소스를 곁들이면 좋아요.

○ 미리 만든 두부가스를 데울 때는 에어프라이어에서 170도로 5분간 작동하면 바삭함을 되살릴 수 있어요.

에프 두부구이

바삭한 식감 10

에어프라이어로 간편하게 굽는 두부구이예요. 윗면은 바삭하고 속은 부드러우며 두부의 고소함과 짭짤한 양념이 어우러져 반찬으로도 간식으로도 좋은 레시피랍니다.

재료

두부 1모
소금 1꼬집

양념
올리브오일 1큰술
참치액젓 1큰술

1 두부를 키친타월로 톡톡 두드려 물기를 제거해요.

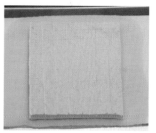

2 두부의 아래쪽 면에 1cm를 남겨두고 정사각형 모양으로 칼집을 넣어요.

3 두부가 부러지지 않도록 통째로 에어프라이어에 넣어요.

4 양념 재료를 잘 섞어 양념을 만들어요.

5 두부 위에 양념을 뿌리면서 두부 칼집 사이사이에 스며들도록 해주세요.

6 두부 윗면에 소금을 뿌려요.

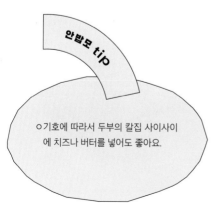

안밥모 tip

○기호에 따라서 두부의 칼집 사이사이에 치즈나 버터를 넣어도 좋아요.

7 에어프라이어에 넣고 200도로 15분간 작동시켜요.

191

쫀득 감자전

바삭한 식감 11

강판에 감자를 갈아 온전히 감자로만 만드는 부드럽고 쫀득한 식감의
바삭하고 맛있는 감자전이에요. 반찬으로도 좋고 간식으로도 좋아요.

재료

감자 1개
식용유 2큰술
소금 1꼬집

1 강판에 감자를 갈아요.

2 간 감자를 2~3분간 체에 올려 물기를 빼주세요. 이때 감자에 서 나온 물은 따로 받아둡니다.

3 감자의 물에서 전분이 가라앉 아 있기 때문에 물을 조심히 따 라 버리고 전분은 남겨주세요.

4 감자전분과 간 감자를 섞어요.

5 골고루 섞으며 소금을 넣어 간 을 해요.

6 팬에 식용유를 넉넉히 두르고 반죽을 얇게 올린 후 앞뒤로 노 릇하게 부쳐요.

안밥모 tip

ㅇ채 썬 감자를 이용한 감자전, 슬라이 스로 자른 감자를 통째로 굽는 감자 전 등 다양한 방법으로 아이가 좋아 하는 감자전의 식감을 찾아보세요.

ㅇ전을 잘게 찢으면서 구우면 테두리를 바삭하게 완성할 수 있어요.

시금치멘치가스

비삭한 식감 12

시금치를 먹지 않는 아이를 위한 바삭바삭 시금치멘치가스예요. 바삭
한 식감과 고소한 맛으로 거부감 없이 맛있게 먹을 수 있답니다.

다진 돼지고기 40g

시금치 20g

양파 20g

달걀 1개

식용유 20ml

부침가루 2큰술

갈릭파우더 1작은술

소금 1꼬집

설탕 1꼬집

튀김옷

달걀 1개

밀가루 50g

빵가루 50g

1 차퍼에 돼지고기, 시금치, 양파를 넣고 잘게 다져요.

2 볼에 1과 달걀, 부침가루를 넣고 섞어요.

3 갈릭파우더, 소금, 설탕으로 간을 한 후 골고루 섞어요.

4 반죽을 먹기 좋은 크기로 만든 후 밀가루, 달걀, 빵가루 순서로 튀김옷을 입혀요.

5 팬에 식용유를 두르고 앞뒤로 노릇하게 튀겨요.

안밥모 tip

○ 시금치뿐만 아니라 아이가 먹지 않는 채소를 함께 다져서 활용할 수 있는 만능 레시피랍니다.

○ 돼지고기 대신 소고기나 닭고기 등 아이가 좋아하는 고기로 대체해보세요.

○ 고기의 식감을 좋아하지 않는다면 참치나 두부를 넣어도 좋아요.

까슬까슬 멸치까까, 밥새우까까

바삭한 식감 13

기름에 튀기듯 볶은 멸치와 밥새우에 설탕만 조금 뿌리면 간편하게
완성된답니다. 까슬까슬한 식감이라 "까까"라 부르며 즐겁게 먹을 수
있는 밥반찬이에요.

재료

잔멸치 10g(또는 밥새우 5g)

식용유 1큰술

설탕 1/2작은술

1 멸치(또는 밥새우)는 흐르는 물에 살짝 헹군 후 물기를 제거하고 식용유를 두른 팬에 넣고 튀기듯 충분히 볶아줍니다.

2 설탕을 뿌려 잘 섞어요.

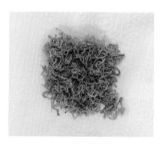

3 키친타월에 올려 기름을 제거해요.

안밥요 tip

○ 밥과 섞으면 주먹밥을 만들 수 있어요.

○ 뱅어포도 먹기 좋은 크기로 잘라 동일하게 조리하면 맛있는 반찬이 된답니다(204쪽 참고).

○ 짠맛를 많이 제거하고 싶다면 멸치 또는 밥새우를 물에 담가 충분히 불린 후 사용하세요.

두부맛탕

두부를 안 먹는 아이도 입을 벌리게 만들어주는 달콤한 두부맛탕이에요. 바삭하게 튀긴 후 달콤한 옷을 입어 맛있는 밥반찬이 된답니다.

재료

두부 1/2모
식용유 20ml
부침가루 2큰술
아가베시럽 2큰술

1 두부는 먹기 좋은 크기로 깍둑 썰기한 후 키친타월로 톡톡 두드려 물기를 제거해요.

2 두부에 부침가루를 골고루 묻혀요.

3 팬에 식용유를 넉넉히 두르고 두부를 올려 튀겨요.

4 튀긴 두부를 다른 팬으로 옮긴 후 아가베시럽을 둘러 버무려 마무리해요.

이밥모 tip

ㅇ아가베시럽 대신 물엿, 올리고당, 꿀, 설탕 등 다양하게 대체할 수 있으나, 설탕을 넣으면 많이 딱딱해질 수 있어요. 돌 전 유아의 경우 꿀은 사용하지 않아요.

라이스페이퍼김부각

바삭한 식감 15

일반적인 김부각은 찹쌀풀을 바른 다음 말린 후 튀기지만, 라이스페이퍼를 사용하면 아주 간편하게 맛있는 김부각을 만들 수 있어요. 바삭바삭한 식감까지 맛있는 김부각이 완성돼요.

재료

라이스페이퍼 5장

김 5장

식용유 20ml

1 라이스페이퍼는 미지근한 물에 담갔가 뺀 후 김을 올리고 반을 접어요.

2 전자레인지에 넣고 30초간 돌려 수분을 살짝 날려요.

3 팬에 식용유를 두르고 라이스페이퍼를 올리고 바삭하게 튀겨요.

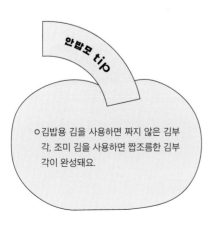

안밥모 *tip*

○ 김밥용 김을 사용하면 짜지 않은 김부각, 조미 김을 사용하면 짭조름한 김부각이 완성돼요.

201

밥고로케

바삭한 식감 16

볶음밥을 잘 먹지 않는 아이라면 튀김옷을 입혀 바삭하게 튀겨낸 밥
고로케를 줘보세요. 간식처럼 맛있게 먹을 수 있어요.

밥 100g
불고기용 소고기 50g
밀가루 50g
빵가루 50g
양파 20g
애호박 20g
당근 10g
단걀 1개
식용유 20ml

불고기 양념

사과 30g
양파 20g
마늘 2개
배즙 10ml
간장 2작은술
설탕 1작은술
맛술 1작은술

1 불고기 양념 재료를 믹서기에 넣고 간 후 소고기에 둘러 잠시 재워요.

2 양파, 애호박, 당근은 차퍼에 넣고 곱게 다져요.

3 팬에 불고기와 채소를 넣고 충분히 볶아요.

4 밥을 넣어 골고루 볶은 후 한 김 식으면 동그랗게 모양을 만들어요.

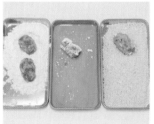

5 밀가루, 달걀, 빵가루 순서로 튀김옷을 입혀요.

6 팬에 식용유를 두르고 반죽을 올려 튀겨요.

안밥요 tip

○ 비엔나소시지에 맨밥을 감싸 튀김옷을 입혀 튀기는 밥 도그를 만들 경우 비엔나소시지를 1/4등분, 혹은 1/2등분으로 작게 잘라 만들어보세요. 한입 크기가 작은 안밥 이들은 크기가 작아야 베어 무는 걸 두려워하지 않아요.

뱅어포튀김

작은 실치들을 얇게 떠서 말린 건어물인 뱅어포는 칼슘과 단백질 함량이 높아 아이들의 간식이나 밥반찬으로 아주 좋은 식재료예요. 바삭하게 튀겨낸 뱅어포튀김은 식감도 좋아서 맛있게 먹을 수 있어요.

뱅어포 1장
식용유 20ml
설탕 1작은술

1 뱅어포는 가위를 이용해 적당한 크기로 잘라요.

2 팬에 식용유를 넉넉히 두르고 뱅어포를 튀겨요.

3 튀긴 뱅어포가 한 김 식으면 설탕을 뿌려요.

안밥모 tip

o 우유를 안 먹는 아이는 치즈나 요구르트 등 유제품으로 칼슘을 대체할 수 있다고 하지만 이마저도 먹지 않는 아이라면 칼슘 함량이 높은 뱅어포로 칼슘 섭취량을 채워주세요.

o 멸치를 잘 먹지 않는 아이들도 김처럼 바삭한 식감의 뱅어포튀김은 잘 먹어요.

Chapter 5.

편식 극복
한 그릇 음식

From.
데브데브
동탄새봄이맘
라라
밀크라떼
밥먹자
빨강사과초록애벌레
새벽
아메리카노투샷
예쁜우리아가
차돌이맘영인
하늘보리
하둥이
한방이애미
흑당라떼

시금치소고기덮밥

유아식에 입문하는 아이는 물론, 특정한 식재료에 대한 거부로 편식이 있는 아이에게는 다양한 재료를 한 번에 먹을 수 있는 덮밥을 만들어주세요. 시금치소고기덮밥 레시피와 함께 다양한 덮밥소스 공식도 소개해요. 입자 거부가 심하다면 재료는 모두 잘게 다져요. 간을 하지 않아도 채소와 육수를 사용한다면 재료들의 감칠맛을 극대화시킬 수 있어요.

다진 소고기 30g

시금치 15g

양파 10g

애호박 10g

당근 10g

버터 5g

멸치다시마육수(23쪽) 30ml

양념

간장 1작은술

굴소스 1/2작은술

설탕 1/2작은

전분물

물 3큰술

전분가루 1/2작은술

1 양파, 애호박, 당근을 작게 잘라 팬에 버터와 함께 넣고 볶아요.

2 다진 소고기를 팬에 넣고 뭉치지 않도록 볶아요.

3 팬에 멸치다시마육수와 양념 재료를 넣고 끓여요.

4 시금치를 잘라 넣어요.

5 전분물을 만든 후 시금치의 숨이 죽으면 골고루 섞어요.

6 원하는 농도가 될 때까지 푹 끓여요.

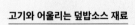

안쌤모 tip

고기와 어울리는 덮밥소스 재료

소고기	주재료	부재료	닭고기	주재료	부재료
	옥수수, 브로콜리, 가지	양파		고구마, 양송이버섯, 옥수수, 비타민	양파
	양배추, 감자, 새송이버섯	당근, 양파		고구마, 부추, 새송이버섯	양파
	양송이버섯, 감자, 깻잎	당근, 양파		가치, 적채, 만가닥버섯	당근, 양파
	감자, 아욱, 적채	당근, 양파		근대, 적채, 감자	당근, 양파
	감자, 표고버섯, 청경채	당근, 양파		적채, 흑타리버섯	당근, 양파
	무, 표고버섯	당근, 양파		밤, 부추, 새송이버섯	당근, 양파
	단호박, 양송이버섯, 브로콜리	애호박, 양파		토마토, 달걀, 시금치	양파
	두부, 청경채, 달걀	당근, 양파		청경채, 브로콜리, 파프리카	당근, 양파
	감자, 완두콩, 브로콜리	당근, 양파		매생이, 새송이버섯	당근, 양파
	상추, 표고버섯, 파프리카	양파		양배추, 브로콜리, 감자	당근, 양파

토마토달걀볶음밥

한 그릇 02

토마토의 비타민 C와 식이섬유, 그리고 달걀의 단백질이 만나 최고의
궁합을 자랑하는 토마토달걀볶음밥이에요. 촉촉하게 반쯤 익힌 달걀
이 포인트인 간편하고 맛있는 볶음밥이지요.

재료

밥 100g
달걀 1개
토마토 1/2개
올리브오일 1큰술
다진 마늘 1/2작은술

양념

굴소스 1/2작은술
소금 1꼬집

1 팬에 올리브오일을 두른 후 다진 마늘을 넣고 볶아 마늘기름을 내요.

2 달걀을 넣고 스크램블을 만들다가 반쯤 익었을 때 그릇으로 옮겨요.

3 토마토는 껍질을 벗기고 다진 후 빈 팬에 넣고 충분히 볶아요.

4 밥과 양념 재료를 넣고 볶아요.

5 불을 끈 후 달걀스크램블을 넣고 섞어요.

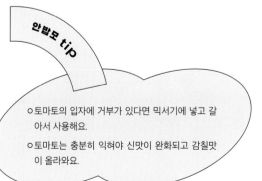

안밥모 tip

○토마토의 입자에 거부가 있다면 믹서기에 넣고 갈아서 사용해요.

○토마토는 충분히 익혀야 신맛이 완화되고 감칠맛이 올라와요.

211

양송이새우리소토

한 그릇 03

양송이버섯과 새우를 메인으로 채소를 더해 만든 양송이새우리소토는
씹을수록 고소해 한 그릇 음식으로 인기 만점이에요. 채소를 편식하는
아이들도 맛있게 먹을 수 있어요.

재료

밥 100g

양송이버섯 1개

슬라이스치즈 1장

새우 30g

다진 양파 20g

애호박 20g

가지 10g

파프리카 10g

버터 5g

우유 100ml

소금 1꼬집

후추 1꼬집

1 팬에 버터와 다진 양파를 넣고 볶아요.

2 양송이버섯, 애호박, 가지, 파프리카는 작게 자른 후 양파가 투명해질 때쯤 팬에 넣고 함께 볶아요.

3 새우를 넣은 후 새우가 익을 때까지 볶아요.

4 우유를 부어요.

5 센불에서 우유가 한 번 끓어오르면 약불로 줄인 후 1분 정도 익혀요.

6 밥을 담고 소금과 후추를 넣은 후 골고루 섞어요.

안밥모 tip

○ 아이가 좋아하는 채소를 활용해보세요.

○ 우유 대신 두유로 대체할 수 있어요.

7 치즈를 넣고 잘 섞어요.

213

소고기가지볶음밥

한 그릇 04

소고기와 채소를 볶은 일반적인 볶음밥이지만 우리 안밥이들이 잘 먹을 수 있도록 세심한 변화를 준 안밥모 버전 볶음밥이랍니다. 볶음밥을 잘 먹지 않는 아이들이라면 새롭게 도전해보세요.

재료

밥 100g
다진 소고기 40g
가지 30g
양파 20g
애호박 20g
버터 10g
물 5~7큰술
굴소스 1작은술

1 차퍼에 가지, 양파, 애호박을 넣고 최대한 곱게 다져요.

2 팬에 다진 채소와 물을 넣고 약 10분 정도 충분히 익혀요. 물볶음을 충분히 해야 식감이 부드러워져요.

3 다진 소고기와 버터를 넣고 볶아요. 이때 소고기 입자가 크다면 차퍼에 넣고 한 번 더 갈아주면 입자가 더욱 고와져요.

4 밥과 굴소스를 넣고 골고루 볶아요.

안밥모 tip

○ 고기, 채소, 밥알이 섞인 볶음밥은 구강 감각이 예민한 아이들에게 다양한 자극을 주어 잘 먹지 않으려는 조리 방식이에요. 이럴 때 채소는 물볶음을 충분히 해서 식감을 최대한 무르게 하고, 마지막 단계에서 물을 이용해 농도를 조절해 촉촉한 볶음밥으로 만들어보세요.

소고기가지솥밥

한 그릇 05

부드러운 가지와 간장의 감칠맛이 만나 온 가족이 모두 맛있게 먹을 수 있는 별미예요. 밥솥을 이용한 조리 방식이라 간편하답니다.

쌀 80g

다진 소고기 50g

가지 50g

파 10g

물 150ml

간장 1큰술

식용유 1큰술

1 팬에 식용유를 두른 후 파를 송송 썰어 넣고 볶아요.

2 다진 소고기를 넣고 볶아요.

3 가지는 슬라이스한 후 팬에 담고 간장을 넣은 후 볶아요.

4 쌀은 물에 불린 후 쌀만 밥솥에 넣고 그 위에 볶은 소고기와 가지를 올려요.

5 물 150ml를 넣어요.

6 밥솥의 취사 버튼을 눌러 밥을 해요.

안밥모 tip

○ 가지는 밥과 부드럽게 어우러져 특유의 물컹한 식감이 겉돌지 않아 맛있게 먹을 수 있어요.

○ 조리 과정에 아이를 참여시켜 가지를 스스로 자르고 만지면서 놀이로 친숙하게 해주세요.

달걀카레밥

한 그릇 06

카레 향을 좋아하지 않는 아이를 위해 우유와 달걀을 넣어 부드럽고 고
소한 맛을 끌어올린 달걀카레밥이에요. 처음에는 카레의 양을 적게 넣
어 천천히 카레 향에 익숙해지게 해주세요.

재료

달걀 1개
다진 양파 20g
물 100ml
우유 50ml
버터 5g
카레가루 1큰술

1 우유에 달걀을 풀어 섞어요.

2 팬에 버터와 다진 양파를 넣고 볶아요.

3 카레가루를 넣고 녹을 수 있게 저어요.

4 중약불에서 바닥이 타지 않게 저어가며 양파가 푹 익을 수 있도록 충분히 끓여요.

5 달걀을 푼 우유를 부어요.

6 저어가며 원하는 농도가 될 때까지 끓여요. 완성 후 밥에 비비거나 반찬처럼 곁들여 먹어도 좋아요.

안밥모 tip

○ 카레에 대한 거부가 심하다면 카레가루를 1/4 → 1/2 → 3/4과 같이 처음엔 아주 소량만 사용해서 단계별로 조금씩 늘려보세요.

○ 시판 카레 액상소스를 이용할 경우 소스에 우유 50ml와 달걀 1개를 섞어 전자레인지에 넣고 데워요.

○ 달걀카레밥은 부드러움을 극대화하기 위해 최소한의 채소를 사용하지만, 아이의 입자 거부가 없다면 다양한 채소를 넣어 만들어도 좋아요.

게맛살푸팟퐁커리

한 그릇 07

강한 향에 거부감을 느끼는 카레를 안 먹는 아이도 한 번 먹으면 진정한 카레의 맛을 알게 된다는 맛있는 태국식 카레인 푸팟퐁커리예요. 쉽게 구할 수 있는 게맛살과 시판 카레소스를 이용해 간편하게 만들 수 있는 엄마표 특급 레시피입니다.

재료

게맛살 1개
시판 유아식 카레소스 80g
버터 5g
우유 100ml

양념
식초 1작은술
참치액젓 1/2작은술
설탕 1/2작은술

전분물
물 2큰술
전분가루 1작은술

1 팬에 버터와 게맛살을 넣고 볶 아요.

2 시판 유아식 카레소스를 팬에 넣고 볶아요.

3 우유를 붓고 끓여요.

4 양념 재료를 섞어 양념을 만든 후 팬에 넣어요.

5 전분물 재료를 섞어 전분물을 만든 후 팬에 넣고 섞어요.

6 저으면서 원하는 농도가 될 때 까지 끓여요.

안밥모 tip

○ 카레에 들어간 버터와 우유는 카레의 향을 중화시키고 부 드럽게 만들어줍니다.

○ 기호에 따라 마지막 단계에서 달걀 1개를 풀어주면 더욱 고소한 맛을 즐길 수 있어요.

○ 게맛살 대신 꽃게살을 이용하면 더욱 맛있어요.

새우유산슬덮밥

한 그릇 08

유산슬은 해산물과 육류를 썰어 볶아 만든 중국 요리 중 하나예요. 해산물 향이 가득한 새우로 맛을 내어 한 그릇 음식으로 먹기 좋은 덮밥 레시피예요.

새우살 20g
양송이버섯 20g
애호박 20g
양파 10g
파프리카 10g
다진 파 1큰술
물 50ml
식용유 1큰술

양념

간장 1작은술
굴소스 1작은술

전분물

물 5큰술
전분가루 1작은술

안팎모 tip

○ 새우, 전복, 오징어, 게살, 조개 등 기호에 맞는 해산물을 활용할 수 있어요.

○ 소고기, 돼지고기 등 육류를 추가 해도 잘 어울려요.

○ 입자 거부가 심하다면 모든 재료 를 곱게 다져서 만들어요.

1 팬에 식용유와 다진 파를 넣고 약불에서 볶아 파기름을 내요.

2 새우살을 넣고 볶아요.

3 양송이버섯, 애호박, 양파, 파프 리카는 작게 썰어요.

4 새우가 어느 정도 익으면 썰어 둔 채소를 넣고 같이 볶아요.

5 물을 넣어 채소가 충분히 익을 수 있도록 물볶음해주세요.

6 양념 재료를 넣고 볶아요.

7 전분물 재료를 섞어 전분물을 만든 후 팬에 넣고 잘 섞어요.

8 원하는 농도가 될 때까지 푹 끓 여요.

바나나스파게티

한 그릇 09

밥을 안 먹는 아이들 중 면 요리는 비교적 잘 먹는 아이들이 많아요. 달콤한 바나나와 후루룩 스파게티면이 만나서 맛있는 한 끼 식사가 된 바나나스파게티를 소개합니다.

재료

바나나 1개
스파게티면 30g
양파 30g
다진 소고기 20g
브로콜리 20g
버터 5g
우유 500ml
소금 1/2작은술

1 팬에 물과 소금을 넣고 면을 담은 후 15분간 삶아 면만 건져요.

2 양파와 브로콜리는 차퍼에 넣고 곱게 다져요.

3 팬에 버터, 다진 소고기, 양파, 브로콜리를 넣고 볶아요.

4 바나나를 으깬 후 팬에 넣어요.

5 우유를 부은 후 잘 섞으면서 끓여요.

6 삶은 면을 넣고 잘 비벼요.

안뱀모 tip

○ 부드러운 식감을 좋아한다면 바나나의 덩어리가 씹히지 않게 부드럽게 으깨주세요.

○ 범벅으로 소스를 면에 가득 묻히거나, 마지막 단계에서 우유를 추가해서 묽게 만들어도 좋아요.

○ 치즈를 더하거나 소금 1/2작은술을 추가해서 간을 조절해주세요.

고구마치즈뇨끼

한 그릇 10

아이들이 좋아하는 달콤한 고구마와 치즈를 넣어서 만든 부드럽고 씹기 좋은 고구마치즈뇨끼예요. 안밥모 레시피 중 감자수프, 케첩비프스튜, 루 없이 만드는 양송이수프, 밤타락죽, 당근수프에도 잘 어울려요. 양송이새우리소토에서 밥 대신, 바나나스파게티에서 면 대신 뇨끼를 넣어도 좋아요.

재료

달걀노른자 1개
삶은 고구마 1/2개
우유 2큰술
밀가루 2큰술
파마산치즈가루 1작은술
소금 1꼬집

끓이기

올리브오일 1작은술
소금 1/2작은술

안뱅모 tip

○ 새로운 음식에 거부가 강한 아이는 조
리 과정에 참여하면 흥미가 생겨 친숙
해질 수 있으니 반죽과 모양 만들기를
함께 해보세요.

○ 경단처럼 둥글게 만들어도 되나 포크
로 모양을 만들면 익히기도 쉽고, 소스
가 사이사이에 스며들어 더욱 맛있게
먹을 수 있어요.

○ 반죽을 만들 때 반죽 치대기를 오래하
면 찰기가 생겨 쫀득해질 수 있어요.
뇨끼는 부드러운 식감이 포인트이므
로 반죽 치대기를 최소화해주세요.

○ 한 번에 많이 만들어 익힌 후 소분하여
냉동 보관하고 먹기 전에 꺼내 전자레
인지에 넣고 데워서 줄 수 있어요.

1 볼에 끓이기 재료를 제외한 모
든 재료를 넣고 섞어요. 이때
밀가루 대신 쌀가루나 오트밀
가루로 대신할 수 있어요.

2 반죽을 고르게 섞으며 둥글게
뭉쳐요. 반죽이 질척이면 밀가
루를, 뭉쳐지지 않는다면 우유
를 조금 더 넣어 조절하세요.

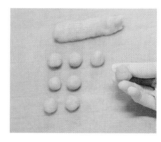

3 길쭉하게 모양을 만든 후 손으
로 떼어 하나씩 동그랗게 만들
어요.

4 포크의 뒷면으로 반죽을 꾸욱
눌러 납작하게 한 뒤 동그랗게
말아요. 이때 포크에 밀가루를
살짝 묻혀 눌러주면 만들기 쉬
워요.

5 팬에 뇨끼를 넣고 뇨끼가 잠길
정도로 물을 부어요. 올리브오
일과 소금을 넣고 뇨끼를 끓는
물에 5분 정도 익혀요.

6 익어서 둥둥 떠오르면 건져서
물기를 빼요. 시판 크림소스나
토마토소스와 잘 어울려요.

호박감자면스파게티

면 요리는 잘 먹지만 채소를 먹지 않는 아이를 위해서 채소슬라이서를 이용한 채소면을 만들어보세요. 스파게티면과 함께 호로록~ 맛있게 먹는 채소면 스파게티예요.

감자 1개
애호박 1/2개
다진 양파 20g
다진 소고기 20g
스파게티면 10g
버터 5g
시판 토마토스파게티소스 4큰술
올리브오일 1큰술
소금 1꼬집

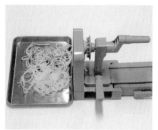

1 채소슬라이서를 이용해 애호박과 감자로 면을 만들어요.

2 팬에 올리브오일을 두른 후 호박면과 감자면을 담고 소금을 넣어 볶아요.

3 스파게티면은 뜨거운 물에서 7분 이상 삶은 후 건져요.

4 팬에 버터와 다진 양파를 넣고 볶아요.

5 양파가 투명하게 익으면 다진 소고기를 넣고 뭉치지 않게 골고루 볶아요.

6 스파게티소스를 넣어요.

안밥모 tip

○감자로 만든 면은 스파게티면과 육안으로 구분이 쉽지 않아 색깔로 편식하는 아이에게는 감자면으로만 만들어주세요.

○채소면은 충분히 볶아야 이물감이 없어요.

7 볶은 채소면과 삶은 스파게티면을 넣은 후 볶아요.

팽이버섯덮밥

한 그릇 12

씹었을 때 아삭하면서도 말캉한 팽이버섯 식감을 재미있어 하면서 좋아하는 아이들이 많아요. 팽이버섯을 이용한 간편한 덮밥을 만들어보세요.

팽이버섯 50g
다진 양파 20g
부추 5g
식용유 1큰술

양념

물 2큰술
간장 1큰술
맛술 1큰술
굴소스 1작은술
설탕 1작은술
다진 마늘 1작은술

1 팽이버섯은 밑둥을 잘라내고 1/4등분으로 잘라요. 씹기 어려워한다면 더 잘게 잘라요.

2 팬에 식용유를 두르고 다진 양파를 넣어 충분히 볶아요. 갈색이 될 때까지 볶으면 양파의 맛이 더욱 강해져 맛있어요.

3 자른 팽이버섯을 넣어 같이 볶아요.

4 양념 재료를 넣고 볶아요.

5 부추는 송송 썰어 팬에 넣고 가볍게 볶아요.

안밤모 tip

버섯은 영양분이 적을 거라는 편견을 가지기 쉬워요. 팽이버섯의 경우 단백질, 탄수화물, 칼슘, 인, 철, 칼륨 등 영양 성분이 다양하고 필수 아미노산이 풍부해요. 식이 섬유가 양배추보다 두 배나 많다고 하니 채소를 안 먹는 아이들에게도 좋답니다.

바질오일파스타

한 그릇 13

토마토파스타를 즐기지 않는 아이라면 바질 향이 향긋한 오일파스타를 만들어서 줘보세요. 자극적이지 않고 고소한 맛이 아이의 취향을 저격할 거예요.

재료

닭고기 80g

푸실리 파스타면 50g

양파 30g

브로콜리 30g

마늘 2개

물 300ml

올리브오일 2큰술

바질가루 1/3작은술

소금 1/3작은술

1 물에 소금과 푸실리면을 넣고 10분 동안 삶아 건져요.

2 팬에 올리브오일과 얇게 슬라이스한 마늘을 넣고 마늘 향이 나도록 볶아요.

3 잘게 썬 닭고기와 슬라이스한 양파를 넣고 충분히 볶아요.

4 잘게 썬 브로콜리를 넣고 골고루 익혀요.

5 익힌 푸실리면을 넣어요.

6 바질가루를 넣은 후 볶아요.

안밥모 tip

○ 면은 푸실리, 펜네 등 기호에 따라 선택할 수 있고 아이가 좋아하는 캐릭터 파스타면을 사용해도 좋아요.

○ 닭고기 대신 해물을 이용해도 잘 어울려요.

○ 바질가루 대신 바질페스토를 이용해도 좋아요.

○ 바질페스토는 믹서기에 바질 70g, 파마산치즈가루 40g, 잣 40g, 올리브오일 5큰술, 다진 마늘 4작은술, 소금 약간, 후추 약간을 넣고 곱게 갈아주면 만들 수 있어요.

훈제오리고기볶음밥

한 그릇 14

볶음밥을 잘 먹지 않는 아이도 한 그릇 비우는 마법을 부리는 훈제오리고기볶음밥이에요. 아이들이 좋아하는 훈제오리고기를 이용해서 맛있는 한 그릇 요리를 완성해보세요.

재료

밥 100g
훈제오리고기 60g
양파 30g
달걀 1개

양념

버터 10g
진간장 1/2큰술
굴소스 1/2큰술

1 팬에 채 썬 양파와 먹기 좋게
자른 훈제오리를 넣고 볶아요.

2 달걀을 넣고 스크램블해요.

3 양념 재료를 넣고 골고루 섞으
며 볶아요.

4 밥을 넣고 함께 볶아요.

안밥모 tip

○ 훈제오리고기는 훈제닭고기, 훈제삼겹살, 훈제목살 등
다양한 제품들로 대체할 수 있어요.

○ 오리고기에서 기름이 나오기 때문에 식용유를 두르지 않
아도 돼요.

○ 고기를 씹기 어려워한다면 슬라이스햄처럼 얇은 훈제오
리고기를 사용해보세요. 얇아서 씹기도 편하고 부드러워
서 훨씬 먹기 좋아요.

당근물볶음밥

한 그릇 15

당근을 먹지 않는 아이도 부드럽고 달콤한 맛에 많은 양의 당근을 섭취할 수 있어요. 아이들이 먹기 좋도록 부드럽게 물볶음을 해서 만들어보세요.

재료

당근 1/2개
밥 100g
다진 양파 20g
다진 고기(돼지고기, 소고기 등) 20g
물 150ml
식용유 1큰술
참기름 약간
소금 약간

1 당근을 채칼로 얇게 썰어요. 부드러운 식감을 위해서 채칼을 이용하는 것이 좋아요.

2 채 썬 당근을 다시 칼로 잘게 다져요.

3 팬에 식용유를 두르고 당근을 볶아요.

4 다진 양파와 다진 고기를 넣고 충분히 볶아요.

안밥모 tip

○ 당근에 풍부하게 들어 있는 카로틴은 지용성이므로 흡수율을 높여주기 위해 기름에 먼저 볶아요.

○ 당근과 양파가 물에 조려지며 달큰한 맛이 우러나 채수를 넣은 효과를 낼 수 있어요.

○ 다진 고기는 소고기, 돼지고기, 베이컨, 햄, 오리고기, 참치 등 아이가 좋아하는 재료를 활용해주세요. 단, 껍질이 있는 소시지의 경우 다져 넣어도 껍질이 주는 까끌한 식감이 있어 싫어하는 경우도 있으니 유의하세요.

5 물을 부어요.

6 중약불에서 물기가 거의 없어질 때까지 조려요. 약불에서 오래 몽글하게 끓일수록 당근이 충분히 익어 식감이 부드러워져요.

7 밥을 넣어 볶고 소금과 참기름을 둘러 마무리해요.

채소달걀덮밥

한 그릇 16

냉장고를 털어서 나오는 채소와 달걀을 활용한 맛있는 덮밥이랍니다.
마땅히 해줄 요리가 없을 때 냉장고를 뒤져보세요. 각종 채소를 활용하
면 멋진 한 그릇을 만들 수 있답니다.

재료

양파 20g
당근 20g
애호박 20g
달걀 1개
물 100ml
식용유 1큰술

양념

간장 1작은술
굴소스 1작은술
설탕 1/2작은술

1 양파, 당근, 애호박은 채를 썬 후 팬에 식용유를 두르고 채소를 모두 넣어 볶아요.

2 물을 넣고 푹 익을 수 있게 물 볶음해주세요.

3 양념 재료를 넣고 볶아요.

4 달걀을 풀어 넣고 골고루 볶아요.

안밥모 tip

○채 썬 채소를 씹기 어려워한다면 곱게 다져서 사용해주세요.

게맛살달걀덮밥

한 그릇 17

간단한 조리 과정이지만 게맛살을 품은 달걀덮밥이 부드럽게 술술 넘어가서 채소를 먹지 않는 아이도 맛있게 먹을 수 있어요.

재료

게맛살 2개
달걀 1개
양파 20g
애호박 20g
당근 10g
팽이버섯 10g
물 200ml
식용유 1큰술
소금 약간

전분물
물 1큰술
전분가루 1작은술

1 양파, 애호박, 당근, 팽이버섯을
다진 후 팬에 식용유를 두르고
다진 채소를 넣어 볶아요.

2 게맛살은 잘게 썬 후 채소가 어느
정도 익으면 팬에 넣고 볶아요.

3 물을 넣고 모든 재료가 익을 수
있게 충분히 끓여요.

4 달걀을 풀어 넣고 저어요.

5 전분물 재료를 섞어 전분물을
만든 후 넣어 원하는 농도가 될
때까지 끓여요.

6 기호에 따라 소금을 추가해요.

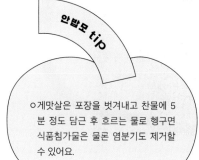

안밥모 tip

○게맛살은 포장을 벗겨내고 찬물에 5
분 정도 담근 후 흐르는 물로 헹구면
식품첨가물은 물론 염분기도 제거할
수 있어요.

5분 완성 전자레인지 콩나물밥

한 그릇 18

콩나물과 무를 한가득 올려 밥을 지어 간장에 슥슥 비벼 먹는 콩나물밥은 생각만 해도 군침이 돌지요. 전자레인지를 이용해 간편하게 뚝딱 만들어보세요.

재료

밥 100g
콩나물 30g
애호박 20g
당근 10g
표고버섯 10g
브로콜리 10g
물 3큰술

양념

진간장 1작은술
참기름 1작은술

1 전자레인지 용기에 밥을 얇게
깔아요.

2 당근, 애호박, 표고버섯, 브로
콜리는 다져서 밥 위에 올리고,
콩나물은 머리를 떼고 올려요.
물을 흩뿌려 재료가 마르는 것
을 방지해요.

3 뚜껑을 닫고 전자레인지에 넣
어 5분간 돌려요.

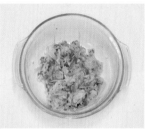

4 콩나물은 가위로 먹기 좋게 자
른 후 양념 재료를 넣고 골고루
섞어요.

안밥표 tip

○ 뚜껑 있는 전자레인지 용기를 이용해주세요. 전용 용기가
없을 경우 전자레인지 이용이 가능한 그릇에 폴리에틸렌
재질의 비닐 랩을 씌워요. 부풀어 터질 위험을 방지하기
위해 젓가락으로 2~3개의 구멍을 낸 후 전자레인지에 넣
고 돌려주세요.

소고기파인애플필라프

한 그릇 19

파인애플은 면역력을 강화하고, 뼈 성장을 돕는 망간이 함유되어 있어요. 소화에도 좋고 익으면서 더욱 달콤한 맛을 뽐내 볶음밥으로도 잘 어울려 아이들이 아주 좋아하는 메뉴예요.

재료

밥 100g
다진 소고기 50g
파인애플 30g
양파 20g
애호박 20g
당근 10g
다진 파 1큰술
식용유 1큰술

양념

돈가스소스 1작은술
굴소스 1작은술
간장 1/2작은술
소금 1꼬집

1 팬에 식용유를 두른 후 다진 파를 넣고 볶아요.

2 소고기를 넣고 볶아요.

3 양파, 애호박, 당근은 잘게 썬 후 소고기가 익어가면 팬에 모두 넣고 볶아요.

4 파인애플은 먹기 좋게 썬 후 팬에 넣고 볶아요.

5 밥을 넣고 양념 재료를 밥 위에 올려 양념이 밥알에 고루 베일 수 있게 해요.

6 골고루 섞으며 볶아요.

안밥모 tip

○ 파인애플의 씹히는 식감을 싫어한다면 곱게 다지거나 즙을 활용해도 좋아요.

○ 파인애플이 익으면서 과즙이 나와 볶음밥이 질어질 수 있어요. 고슬한 볶음밥을 원한다면 파인애플을 볶을 때 물기가 없어질 때까지 오래 볶아요.

Chapter 6

국물파를 위한
국 요리

From.
또니맘
라라
르나
밥잘먹고쑥쑥크자
욤
이탱마미
지아야한입만
쭈니쭌
찐감자맘

케첩비프스튜

간편 국 01

우리나라에 소고기뭇국이 있다면, 서양에서는 비프스튜가 있지요. 토마토가 없어도 케첩으로 맛을 낼 수 있는 간단한 케첩비프스튜랍니다.

재료

소고기 40g
양파 20g
애호박 20g
브로콜리 20g
표고버섯 10g
파프리카 10g
버터 5g
물 200ml
간장 2큰술
케첩 2큰술
치킨스톡 1/2큰술
식초 1/2큰술

1 냄비에 버터와 잘게 썬 소고기를 넣고 볶아요.

2 양파, 애호박, 브로콜리, 표고버섯, 파프리카를 잘게 썬 후 팬에 넣고 함께 볶아요.

3 간장, 케첩, 치킨스톡을 넣고 함께 볶아요. 이때 토마토나 통조림토마토를 추가로 넣어도 좋아요.

4 물을 부은 후 약불에서 20분 이상 끓여요.

5 마지막에 식초를 넣어요.

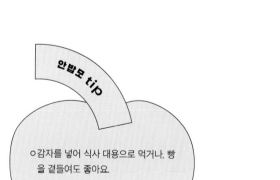

안밥모 tip

○ 감자를 넣어 식사 대용으로 먹거나, 빵을 곁들여도 좋아요.

매생이국

간편 국 02

매생이는 단백질 및 칼슘과 철분 함량이 높아 성장기 영유아에게 좋은 식재료예요. 겨울이 제철이라 겨울 별미인 매생이국은 구수하고 깔끔한 맛으로 아이들에게도 인기 많은 국이랍니다. 동결건조 매생이를 사용하면 사시사철 매생이 요리를 만들 수 있으니 간편하게 만들어보세요.

건매생이 1개

무 30g

두부 30g

멸치다시마육수(23쪽) 250ml

갈릭파우더 1/2작은술

참치액젓 1작은술

참기름 약간

소금 약간

1 건매생이는 찬물에 넣고 매생이가 다 풀릴 때까지 불려요. 이때 물은 매생이가 풀릴 정도로 소량만 넣어주세요.

2 무는 잘게 썬 후 냄비에 참기름을 두르고 무를 넣어 볶아요.

3 매생이와 갈릭파우더를 넣고 살짝 볶아요.

4 멸치다시마육수를 넣고 끓여요.

5 참치액젓을 넣고, 부족한 간은 소금으로 추가해요.

6 두부는 한입 크기로 썬 후 매생이국에 넣고 한소끔 끓여요.

안밥모 tip

ㅇ기호에 따라 밥새우를 추가해서 끓일 수 있어요.

ㅇ김이 나지 않아도 매생이는 매우 뜨거울 수 있으니 충분히 식혀서 주세요.

ㅇ냉동이나 생매생이를 사용할 때는 먹기 쉽도록 가위로 잘게 잘라주세요.

소고기배추된장국

간편 국 03

그냥 먹어도 달큼한 알배추가 맛있는 겨울에 만들 수 있는 뜨끈한 소고
기배추된장국이에요. 구수한 된장과 달큼한 배추가 어우러져 밥 한 그
릇 뚝딱할 수 있는 겨울 별미국이지요.

재료

소고기 50g
알배추 2장
멸치다시마육수(23쪽) 300ml
된장 1작은술
간장 1작은술
참기름 1작은술
다진 마늘 1작은술

1 볼에 작게 썬 소고기를 담고 간장, 다진 마늘, 참기름을 넣은 후 조물조물 버무려 밑간을 해요.

2 냄비에 고기를 넣고 볶으며 겉면만 살짝 익혀요.

3 멸치다시마육수를 넣고 푹 끓여요. 이때 떠오르는 불순물은 걷어내요.

4 된장을 넣고 풀어요.

5 알배추는 채 썬 후 냄비에 넣고 알배추가 흐물해질 때까지 푹 끓여요.

엄마표 tip

○ 일반 된장보다 미소된장을 이용하면 쿰쿰한 된장 냄새를 싫어하는 아이들도 된장국을 쉽게 먹을 수 있어요.

○ 알배추, 봄동, 시금치 등을 다양히게 활용해서 끓여보세요.

가자미미역국

간편 국 04

비린 맛이 없어 어느 음식과도 잘 어울리는 흰살 생선인 가자미는 11월부터 3월까지가 제철이에요. 아이들이 좋아하는 미역국에 가자미를 넣으면 비린내 없이 깔끔하며 깊고 담백한 국물을 만들 수 있어요.

재료

가자미 1/2마리
건미역 5g
멸치다시마육수(23쪽) 300ml
참기름 1큰술
참치액젓 1/2작은술
멸치액젓 1/2작은술
다진 마늘 1/3작은술
소금 약간

1 건미역은 찬물에 담가 불려요.

2 냄비에 참기름, 다진 마늘, 불린 미역을 넣고 볶아요.

3 멸치다시마육수를 넣고 끓여요.

4 참치액젓과 멸치액젓을 넣어요.

5 가자미를 넣고 20분 정도 끓여요. 이때 부족한 간은 소금으로 추가해요.

안밥모 tip

o 미역국에 황태, 가자미, 들깨, 참치, 닭가슴살, 성게, 전복, 낙지, 조개, 두부 등 다양한 재료를 넣고 끓여보세요.

o 미역국에 파를 넣을 경우 파의 황과 인 성분이 미역의 칼슘 성분의 섭취를 방해할 수 있기 때문에 파는 넣지 않아요.

볶지 않는 미역국

간편 국 05

유아식에 입문하는 아이들도 잘 먹는 미역국이에요. 일반적인 미역국을 만드는 방법과는 조금 다르게 볶지 않고 끓여요. 아주 작은 차이이지만 국물 맛이 달라지는 신기한 비법이지요. 특별한 미역국을 끓여보세요.

재료

소고기 50g
건미역 5g
물 400ml
국간장 2작은술
참치액젓 1작은술
다진 마늘 1/2작은술
소금 약간

안밥모 tip

○ 미역국을 끓일 때의 물은 고기 삶은
  물, 멸치육수, 사골육수 등 다양하게
  사용해보세요.

○ 말린 어린 미역을 사용하면 질긴 줄기
  부분 없이 부드러운 미역국을 만들 수
  있어요.

○ 오래 끓일수록 더욱 진하고 맛있는 미
  역국은 전날 미리 끓여뒀다가 먹기 전
  에 데워도 좋아요.

1 소고기는 찬물에 10분 정도 담가 핏물을 제거해요.

2 건미역은 찬물에 10분 정도 담가 불려요.

3 냄비에 물과 핏물을 제거한 소고기를 넣은 후 끓여요. 이때 고기를 볶지 않고 처음부터 같이 끓여요.

4 센불에서 끓이며 끓어오르면 떠오르는 불순물은 건져요.

5 중불에서 5분 정도 더 끓여요.

6 다진 마늘을 넣고 잘 풀어요.

7 국간장과 참치액젓을 넣고 부족한 간은 소금으로 추가해요.

8 불린 미역을 넣고 중약불에서 15~20분간 충분히 끓여요.

257

달걀순두부국

간편 국 06

순두부와 달걀로 부드럽게 만들어 먹을 수 있어 호불호 없이 아이들이 잘 먹는 메뉴예요. 만드는 방법도 간단해서 누구나 쉽게 도전할 수 있답니다.

재료

순두부 90g
양파 30g
새우 20g
달걀 1개
멸치다시마육수(23쪽) 200ml
새우젓 1작은술
다진 마늘 1/2작은술

1 양파는 작게 자른 후 새우와 함께 멸치다시마육수가 든 냄비에 넣고 끓여요.

2 다진 마늘을 넣고 끓여요.

3 양파가 다 익으면 순두부를 넣고 으깨요.

4 새우젓을 넣어요.

5 달걀을 풀어 넣은 후 한 번 끓어오르면 불을 꺼요.

안밥모 tip

○ 순두부와 달걀만으로도 충분히 맛있지만, 새우 혹은 조개, 게맛살 등 아이가 좋아하는 재료를 추가로 넣으면 더욱 좋아요.

○ 입자 거부가 있다면 양파, 새우와 같은 재료는 더 잘게 다지거나 갈아서 넣어보세요.

○ 새우젓 대신 국간장 혹은 액젓을 활용해도 좋아요.

○ 목감기 등으로 밥을 안 먹으려 할 때는 밥을 말아 푹 퍼지게 익혀 죽으로 만들어주세요.

돼지고기뭇국

간편 국 07

돼지고기와 무, 파로 달큼하게 끓여 깔끔하고 담백한 맛이 매력적인 돼
지고기뭇국이에요. 소고기뭇국과는 색다른 맛이 있어요.

재료

돼지고기 등심 60g

무 50g

파 20g

물 200ml

식용유 1큰술

간장 1작은술

소금 약간

1 무는 작게 나박썰기하고 파는 송송 썰어요.

2 팬에 식용유를 두른 후 돼지고기를 넣고 볶아요.

3 고기가 익기 시작하면 간장을 넣고 졸이듯 볶아요.

4 무와 파를 넣고 함께 볶아요.

5 물을 넣고 끓여요.

6 끓어오르면 소금을 넣어 간을 해요. 오래 끓일수록 맛있어요.

안밥모 tip

○아이가 국물만 먹는다면 건더기는 모두 갈아서 만들어보세요.

어묵국

간편 국 08

어묵으로 간편하게 끓이는 감칠맛 나는 맛있는 어묵국이에요. 아이들이 좋아하는 재미있는 모양 어묵으로 호기심을 자극한다면 즐거운 식사가 될 거예요.

재료

모양 어묵 4개
사각 어묵 1장
무 50g
양파 20g
파 10g
멸치다시마육수(23쪽) 300ml
국간장 1작은술

1 무와 양파는 먹기 좋은 크기로 썰고 파는 송송 썰어요.

2 사각 어묵은 한입 크기로 자르고 모양 어묵과 함께 끓는 물에 넣어 살짝 데쳐요.

3 냄비에 멸치다시마육수를 담고 무, 양파를 넣어 푹 익혀요.

4 국간장을 넣어요.

5 어묵을 넣고 끓여요.

6 파를 넣고 마무리해요.

안밤포 tip

○ 다양한 모양틀로 사각 어묵에 모양을 내거나 아이들이 직접 어묵 모양 내기를 한다면 더욱 친근하게 어묵국을 접할 수 있어요.

○ 나무꼬치를 이용해 어묵을 꽂아주면 이색적으로 어묵을 먹을 수 있어요.

달걀김국

간편 국 09

국물 요리가 필요할 때 달걀과 김으로 쉽고 빠르게 끓일 수 있는 레시피예요. 호불호 없는 달걀국에 감칠맛 나는 김을 더하면 아이들이 좋아하는 간편 국물이 완성되지요.

재료

조미 김 2~4장
달걀 1개
파 1큰술
멸치다시마육수(23쪽) 300ml
참치액젓 1작은술
소금 약간

1 냄비에 멸치다시마육수를 담고 달걀을 풀어 넣어 빠르게 저으며 끓여요.

2 참치액젓을 넣어요.

3 송송 썬 파와 조미 김을 넣어요.

4 김을 으깨듯 저으면서 끓여요. 이때 부족한 간은 소금으로 조절해요.

한밥모 tip

○조미 김의 염분과 기름이 싫을 경우 마른 김을 사용하세요.

황태뭇국

간편 국 10

단백질의 제왕이라 불리는 고단백 식재료 황태는 국을 만들 때 활용하면 탁월한 감칠맛을 낼 수 있어요. 온 가족이 맛있게 먹을 수 있는 맛있는 황태뭇국을 만들어보세요.

재료

무 50g
황태포 20g
양파 20g
멸치다시마육수(23쪽) 300ml
국간장 1작은술
참치액젓 1작은술
들깻가루 1작은술(생략 가능)

1 황태포는 찬물에 담가 충분히 불려요.

2 무와 양파는 작게 썰어요.

3 냄비에 멸치다시마육수, 불린 황태포, 무, 양파를 넣고 끓여요.

4 떠오르는 거품은 걷어내요.

5 국간장과 참치액젓을 넣고 마저 끓여요.

6 들깻가루를 넣고 마무리해요.

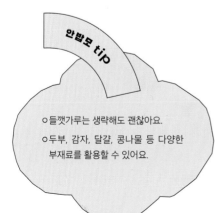

안밥표 tip

○ 들깻가루는 생략해도 괜찮아요.

○ 두부, 감자, 달걀, 콩나물 등 다양한 부재료를 활용할 수 있어요.

순두부김국

간편 국 11

따끈한 국물 속의 부드러운 순두부는 호로록호로록 쉽게 목으로 넘길
수 있어요. 여기에 맛있는 김까지 더해져 아이들이 아주 좋아한답니다.
쉽고 빠르게 끓일 수 있으니 오늘 한번 만들어보세요.

재료

순두부 90g

김가루 5g

멸치다시마육수(23쪽) 300ml

국간장 1/2작은술

1 냄비에 멸치다시마육수를 담은 후 순두부를 넣고 살살 으깨며 끓여요.

2 끓어오르면 김가루를 넣어요. 이때 국간장으로 간을 해요.

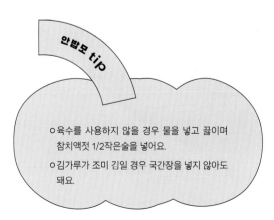

안밥모 tip

○ 육수를 사용하지 않을 경우 물을 넣고 끓이며 참치액젓 1/2작은술을 넣어요.

○ 김가루가 조미 김일 경우 국간장을 넣지 않아도 돼요.

오징어뭇국

간편 국 12

달콤한 무와 쫄깃한 오징어가 만나면 시원한 국물 맛이 일품인 오징어 뭇국이 완성되지요. 오징어뭇국은 아이뿐 아니라 어른들도 좋아하는 메뉴예요.

오징어 1마리
무 100g
물 500ml
들기름 1큰술
파 약간
소금 약간

양념
국간장 1작은술
멸치액젓 1작은술
참치액젓 1작은술
다진 마늘 1작은술

1 오징어와 무를 먹기 좋은 크기
로 잘라요.

2 냄비에 들기름를 두른 후 오징
어와 무를 넣고 볶아요.

3 물 200ml와 양념 재료를 모두
넣은 후 푹 끓여요.

4 물 300ml를 더 넣고 끓이며 부
족한 간은 소금으로 해요.

5 파를 송송 썰어 넣어요.

안방모 tip

○ 오징어 몸통은 세로로 길게 자르면 익혔
을 때 돌돌 말리고, 가로로 길게 자르면
길이대로 익혀져요. 이때 세로로 길게 자
르면 오징어의 결이 끊기기 때문에 가로
로 잘랐을 때보다 아이들이 먹기 쉬워요.

○ 오징어에 칼집을 넣을 때는 파채칼을
사용하면 편리해요.

Chapter 7.

아픈 아이를 위한
힐링 요리

From.
고양이맘
단콩맘
달이
동탄새봄이맘
두찌는잘먹자
딸기마미
또또맘
라라
뿡뿡아맘마먹자
시우엄마진천
안밥모
엄마만잘찜
오호라
윤앤송
퓨리
한입

꿀무즙

힐링 요리 01

무는 천연 소화 효소인 아밀라아제가 있어 "무를 많이 먹으면 속병이 없다", "생무를 갈아 먹으면 의사가 필요 없다"는 말도 있어요. 소화제가 흔치 않았던 시절 체한 아이에게 생무를 먹였을 정도로 무는 위장 기능을 튼튼하게 하고 소화가 잘 되게 도와줘요. 하지만 이 효소는 열을 가하면 효능이 사라지기 때문에 익히지 않고 그냥 먹는 것이 중요해요.

재료

무 50g
꿀 50g

1 무는 채로 썰어요.

2 소독한 유리병에 무와 꿀을 번 갈아가며 차례로 담아요.

3 뚜껑을 닫은 후 반나절 정도 실 온에 뒀다가 냉장고에 넣어 보 관해요.

안밥모 *tip*

○ 무는 채 썰지 않고 갈아서 사용해도 돼요.

○ 냉장고에 보관한 후 시원하게 주면 아이 들이 좋아해요.

○ 하루 1스푼 정도 먹되, 완성된 꿀무즙은 일주일 내로 소진해주세요.

○ 공복에 먹으면 위점막을 자극할 수 있으 므로 가능하면 식후에 먹는 게 좋아요.

○ 벌꿀에는 피롤리지딘 알칼로이드, 보툴리 누스균 등 아이에게 해로운 물질이 함유 되어 있으므로, 12개월 미만의 어린아이 에게는 먹이지 않아요.

루 없이 만드는 양송이수프

힐링 요리 02

수프를 만들 때 필요한 루(밀가루와 버터를 가열하여 만드는 소스의 재료) 없이 만드는 간편 수프 레시피예요. 쉽게 만들 수 있지만 맛도 좋아서 수프만 먹어도 든든하고 빵을 찍어 먹어도 좋아요. 부드럽고 고소해 아침 식사로도 좋아요.

재료

양송이버섯 1개
아기치즈 1장
감자 1/2개
양파 1/4개
버터 5g
우유 100ml
파마산치즈 1작은술
소금 1꼬집

1 양송이버섯, 감자, 양파는 적당한 크기로 잘라 버터와 함께 팬에 넣고 볶아요. 이때 채소들을 작게 자르면 빨리 익어요. 양파가 투명해질 때까지 볶아도 되지만, 타지 않도록 약불에서 오래 익히면 단맛이 강해져요.

2 볶은 재료를 모두 믹서기에 넣고, 우유와 함께 갈아요.

3 팬에 2와 파마산치즈, 아기치즈, 소금을 넣고 녹을 때까지 약불에서 저어요. 원하는 농도가 될 때까지 졸여요.

안뺘모 tip

○ 단맛을 좋아하는 아이라면 감자 대신 고구마를 사용해보세요.

○ 양송이버섯뿐만 아니라 새송이버섯, 표고버섯, 느타리버섯 등 다양한 버섯을 사용할 수 있고, 여러 종류의 버섯을 섞어서 만들어도 좋아요. 단 버섯 향이 진하면 거부할 수도 있으니 버섯의 양을 적당히 조절해야 해요.

○ 치즈를 싫어하는 경우 생략하거나 하나만 넣어요.

○ 식빵을 주사위 모양으로 잘라 기름에 튀기거나 구워 만든 크루통을 꼬치에 꽂아 풍뒤로 먹거나, 토스터기에 구운 식빵을 스틱 모양으로 잘라 곁들여주면 수프에 찍어 먹는 재미가 있어요.

밤타락죽

견과류 중 유일하게 비타민 C가 들어 있는 밤은 "밤 세 톨만 먹으면 보약이 따로 없다"는 말이 있을 정도로 각종 영양소가 골고루 들어 있어요. 고소하고 부드럽게 먹을 수 있는 밤타락죽은 입맛 없을 때 먹기 좋은 음식이에요.

재료

밤 10개 내외
밥 100g
우유 200ml
물 100ml
아가베시럽 1큰술
소금 1꼬집

1 찜기에 물을 붓고 껍질 벗긴 밤을 올려 쪄요.

2 찐 밤은 우유와 함께 믹서기에 넣어 곱게 갈아 냄비에 담아요.

3 밥과 물 100ml를 믹서기에 넣고 곱게 갈아요.

4 2가 든 냄비에 3을 넣고 끓여요.

5 아가베시럽과 소금을 넣어요.

6 바닥에 눌어붙지 않도록 약불에서 저으며 끓여요.

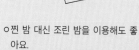

안밥모 tip

○ 찐 밤 대신 조린 밤을 이용해도 좋아요.
○ 우유와 밥의 양이 많아지면 밤의 맛이 옅어지니 유의해주세요.

바나나찹쌀죽

힐링 요리 04

밥솥으로 만드는 간편한 죽 레시피로 바나나를 좋아하는 아이라면 달콤한 바나나 향까지 더해져 부드럽게 먹을 수 있어요. 오트밀에 바나나를 섞어주는 것을 먹지 않는 아이도 바나나찹쌀죽은 먹는 경우가 있어서 여러 가지 형태로 도전해보세요. 바나나는 건강에 이로운 섬유질과 칼륨, 비타민류가 풍부하게 들어 있어 다른 재료를 넣지 않아도 든든한 한 끼 식사가 될 수 있어요.

바나나 1~2개
찹쌀 50g
물 200ml

1 찹쌀은 잘 씻은 후 1시간 이상 찬물에 담가 불려요.

2 바나나(작은 바나나는 2개, 큰 바나나는 1개)는 볼에 넣고 매셔나 포크로 부드럽게 으깨요.

3 전기밥솥에 불린 찹쌀과 으깬 바나나, 그리고 물 200ml를 넣어요.

4 죽 모드로 1시간 작동시켜 완성해요.

안밥모 tip

○ 찹쌀 대신 백미로도 만들 수 있어요.

○ 시간이 부족할 경우 만능찜 모드로 30분간 작동시키세요.

○ 냄비에 밥, 바나나, 물을 섞어 죽을 만들어도 되지만, 갓 지은 밥이 더 맛있는 것처럼 생쌀, 생찹쌀로 밥솥에 밥을 지어 만드는 것이 좋아요.

○ 많은 아이들이 좋아하는 바나나지만, 바나나 특유의 향과 맛에 대한 거부감이 있는 아이들도 있어요. 지나친 권유는 좋지 않아요. 성장에 따라 조금씩 시도해보세요. 어릴 때는 먹지 않았지만 크면서 먹기 시작하는 경우도 있답니다.

시금치리소토

힐링 요리 05

겨울부터 봄 사이 제철을 맞는 시금치는 단맛이 한층 올라가 국으로도, 반찬으로도 맛있지만, 데친 후 갈아서 만든 소스로 활용하면 평소 먹던 시금치와 전혀 다른 새로운 맛이 되는 마법이 일어나요. 철분의 왕이라 불릴 만큼 채소 중 철분의 함유량이 월등히 높아 소고기를 먹지 않아 철분 섭취가 걱정인 아이들에게 아주 좋은 메뉴예요.

쌀 40g

시금치 40g

다진 양파 40g

당근 40g

아기치즈 1장

물 100ml

우유 50ml

식용유 1큰술

소금 1/2작은술

1 쌀은 찬물에 담가 불려요. 시금 치는 뜨거운 물에 넣어 살짝 데 친 후 당근과 함께 믹서기에 넣 고 우유를 부어 갈아요.

2 팬에 식용유를 두른 후 다진 양 파를 넣고 양파가 투명해질 때 까지 볶아요.

3 불린 쌀을 팬에 넣고 볶아요.

4 물 100ml를 넣고 끓여요.

5 1의 시금치소스를 붓고 쌀이 익 을 때까지 약불에서 저으며 끓 여요.

6 소금을 넣고 기호에 따라 치즈 를 추가해도 좋아요.

안밥모 tip

ㅇ시금치의 달큰한 맛이 매력적인 시금 치리소토는 색깔이 강렬해서 시각적 으로 거부가 심할 수도 있어요. 아이가 좋아하는 캐릭터나 새로운 유아 식기 에 담아서 흥미를 끌어보세요.

ㅇ생쌀로 만드는 리소토는 약불에서 충 분히 익혀야 해요.

닭고기오트밀죽

힐링 요리 06

닭고기 안심을 이용해서 간편하게 만드는 오트밀죽이에요. 구수한 닭 육수에 오트밀을 넣고 푹 끓여 부드럽게 먹을 수 있는 보양식이에요.

재료

닭고기 안심 80g
오트밀 30g
파 20g
양파 20g
다진 당근 10g
마늘 2개
물 300ml
소금 3꼬집

1 냄비에 물을 붓고 닭고기, 마늘을 넣어요. 파와 양파는 적당한 크기로 썰어 넣은 후 끓여요.

2 물이 끓어오르면 떠오르는 불순물은 제거해요.

3 채소와 닭고기를 건진 후 닭고기만 잘게 찢어 육수가 든 냄비에 넣고 끓여요.

4 다진 당근을 넣어요.

5 오트밀과 소금을 넣어요.

6 오트밀이 퍼지도록 푹 끓여요.

○오트밀 대신 누룽지를 넣어서 만들 수도 있어요.
○닭고기의 안심 대신 닭가슴살, 닭다리 등 다양한 부위를 사용할 수 있어요.

285

콩죽

힐링 요리 07

아파서 음식을 먹기 힘든 아이도 부드럽게 먹을 수 있는 고소한 콩죽이에요. 콩으로 만들어 고단백이면서 식감도 좋아 아픈 아이뿐만 아니라 밥태기가 온 아이에게도 환영받는 레시피랍니다.

1 콩을 찬물에 담가 냉장실에 넣고 반나절 이상 불려요.

2 불린 콩과 물 500ml를 냄비에 넣고 중약불에서 30분 정도 푹 끓여요.

3 믹서기에 콩과 삶은 물을 넣고 곱게 갈아요. 이때 콩이 잘 갈릴 수 있도록 콩의 절반 혹은 콩이 잠길 정도로 물을 넣어요.

4 믹서기로 간 콩을 체로 걸러 콩물만 사용해도 좋고, 믹서기에 간 그대로 사용해도 좋아요.

5 냄비에 밥과 4를 넣고 저으며 약불에서 몽글하게 끓여 농도를 조절해요.

6 소금을 넣어 완성해요.

재료

밥 60g
콩(백태) 40g
물 500ml
소금 1꼬집

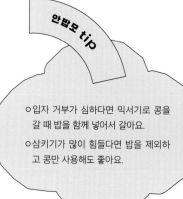

안밥모 tip

○ 입자 거부가 심하다면 믹서기로 콩을 갈 때 밥을 함께 넣어서 갈아요.

○ 삼키기가 많이 힘들다면 밥을 제외하고 콩만 사용해도 좋아요.

빵수프

호로록 잘 넘어가는 수프로 아이들이 좋아하는 고소하고 달콤한 빵 맛이 나기 때문에 입맛을 돋울 수 있어요. 바나나퓌레까지 섞어 달콤하고 든든하게 한 끼를 먹일 수 있는 안밥모의 애정과 사랑이 담긴 레시피입니다.

재료

모닝빵 1개
바나나 1개
버터 5g
우유 200ml

1 팬에 버터를 넣고 모닝빵을 손으로 잘게 뜯어 넣어요.

2 우유를 붓고 끓여요.

3 볼에 바나나를 담고 으깨 바나나퓌레를 만들어요.

4 우유가 끓어오르면 불을 끄고 바나나퓌레를 넣어 잘 섞어요.

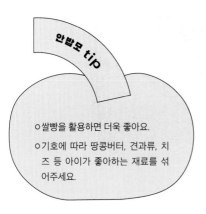

안밥모 tip

○ 쌀빵을 활용하면 더욱 좋아요.
○ 기호에 따라 땅콩버터, 견과류, 치즈 등 아이가 좋아하는 재료를 섞어주세요.

밥솥으로 만드는 전복죽

힐링 요리 09

밥솥으로 간편하게 만들 수 있는 전복죽이에요. 전복죽은 든든한 보양식으로 유명한 메뉴예요. 입맛 없는 우리 아이의 원기 회복을 위해 전복죽을 만들어보세요.

재료

전복 2개
쌀 100g
양파 20g
애호박 20g
당근 20g
다시마 우린 물(24쪽) 400ml
참기름 1큰술
참치액젓 1/2큰술
소금 약간

안밥모 tip

ㅇ 볶은 재료를 블랜더로 갈면 곱고 부드러운 죽을 만들 수 있어요.

ㅇ 깔끔한 전복죽을 원한다면 내장은 빼도 괜찮아요.

전복 손질 방법

① 전복은 칫솔이나 수세미를 이용해 닦아요.

② 왼손으로 전복 껍질 부분을 잡고 오른손으로 숟가락을 쥐어 전복 살과 껍질 부분 사이에 숟가락을 살살 밀어 넣으며 분리해요. 이때 손이 다칠 수 있으니 고무장갑이나 면장갑을 꼭 착용하세요.

③ 내장이 터지지 않도록 가위나 칼을 이용해 살과 내장을 분리해요.

④ 전복 살의 윗부분에 칼집을 살짝 내고 손으로 눌러 이빨과 희고 긴 식도를 제거해요.

1 쌀을 찬물에 담가 불려요.

2 전복을 손질해요. 내장은 따로 담아두고 살은 슬라이스해요.

4 팬에 참기름을 두르고 자른 채소와 전복 살을 넣어 볶아요.

5 불린 쌀을 넣어요.

6 전복 내장을 넣어요. 이때 내장은 믹서기로 갈거나 가위로 듬성듬성 잘라 넣어요.

7 참치액젓을 넣고 골고루 섞으며 볶아요. 부족한 간은 소금으로 해요.

8 밥솥에 볶은 재료와 다시마 우린 물을 넣어요.

9 밥솥의 만능찜 모드로 50분간 작동시켜 완성해요.

달걀죽

힐링 요리 10

달걀죽은 쉽고 간단하게 만들 수 있는 조리 과정이 포인트예요. 급하게 죽을 만들어야 할 때 손쉽게 만들 수 있고 달걀로 만들어 든든하게 영양소도 챙길 수 있는 메뉴입니다.

재료

달걀 1개
밥 50g
물 100ml
소금 3~4꼬집

1 냄비에 물을 넣고 끓여요.

2 달걀을 풀어 넣어요.

3 달걀이 익기 전 빠르게 저어요.

4 밥을 넣고 골고루 섞은 후 소금으로 간을 해요.

5 약불에서 원하는 농도까지 끓여요.

안밥모 tip

o 소금 대신 치킨스톡, 간장, 조미료 등으로 맛을 낼 수 있어요.

o 기호에 따라 참기름, 김가루, 깨소금을 추가해요.

가자미쌀죽

힐링 요리 11

쌀가루로 만든 쌀죽에 담백한 가자미를 더한 영양 가득 가자미쌀죽이에요. 가자미는 아이들이 좋아하는 생선 중 하나예요. 가자미를 이용해 죽을 만들면 부드러워 잘 먹을 수 있어요.

재료

가자미 50g
당근 10g
애호박 10g
양파 10g
버터 5g
물 3큰술
갈릭파우더 1/2작은술
간장 1/2작은술
참치액젓 1/2작은술
소금 1꼬집

쌀가루물

물 400ml
쌀가루 2큰술

1 채소는 잘게 썬 후 팬에 버터와 함께 넣고 볶아요.

2 채소가 충분히 익을 수 있게 물을 넣고 물볶음해요.

3 가자미를 넣은 후 갈릭파우더를 뿌려요.

4 골고루 익을 수 있게 가자미를 으깨며 볶아요.

5 쌀가루물 재료를 섞어 쌀가루물을 만든 후 팬에 붓고 끓여요.

6 간장, 참치액젓, 소금을 넣어요.

안방모 tip

○ 이물감을 최소화하기 위해서 쌀가루를 이용했지만, 밥을 갈거나 맨밥을 그대로 넣어서 만들어도 좋아요.

7 원하는 농도가 될 때 까지 끓여요.

초당옥수수밥

달콤한 초당옥수수를 넣어 지은 밥이에요. 달콤한 옥수수 향이 배어 밥
만 먹어도 아주 맛있지요.

재료

초당옥수수 1개
쌀 160g
물 320ml

1 초당옥수수는 옥수수필러 또는 칼로 낱알을 분리시켜요.

2 쌀과 물을 밥솥에 넣은 후 옥수수 심지와 낱알을 함께 넣어요.

3 취사 후 골고루 섞어요.

안밥모 tip

○ 버터를 넣어 비벼 먹으면 고소하고 달콤해요.
○ 솥밥을 지을 때는 불린 쌀과 물을 각각 1컵씩 넣은 후 끓어
 오르면 중약불에서 6분간 끓이고 뚜껑을 열어 밥을 저어
 요. 중약불에서 8분간 더 익힌 후 불을 끄고 10분 동안 뜸
 을 들여요.

사골누룽지죽

아이들이 잘 먹는 누룽지죽에 사골국물과 두부를 더해서 영양까지 챙긴 먹기 편한 사골누룽지죽이에요. 영양은 보충시켜주고 싶은데 입맛이 없는 날 만들어보세요. 맛있고 든든하게 먹을 수 있어요.

재료

누룽지 50g

양파 20g

당근 10g

표고버섯 10g

두부 1/4모

시판 사골국물 150ml

물 100ml

식용유 1큰술

간장 1작은술

소금 약간

1 누룽지는 찬물에 담가 30분 정도 불려요. 반나절 전에 담가두면 더욱 부드러워요.

2 양파, 당근, 표고버섯은 잘게 썬후 팬에 식용유를 두르고 잘게 썬 채소를 넣어 볶아요.

3 간장을 넣고 볶다가 물 100ml를 넣어 끓여요.

4 누룽지를 넣고 약불에서 10분 정도 졸아들 때까지 끓여요.

5 사골국물을 넣어요.

6 두부를 으깬 후 넣고 끓이면서 소금으로 간을 해요.

안밥모 tip

○시판 사골국물을 구매할 때 첨가물이 없는 제품을 고르면 좋아요. 브랜드별로 MSG나 나트륨이 있는 제품도 있기 때문에 아이의 기호에 따라 선택하세요.

당근수프

양파와 당근으로 만든 달큼하고 깊은 풍미의 부드러운 당근수프예요.
부드럽게 삼킬 수 있어 어린아이도 쉽게 먹을 수 있어요.

당근 1개
양파 1/2개
버터 30g
물 200ml
생크림(또는 휘핑크림) 100ml
소금 1꼬집

1 양파는 슬라이스하고 당근은 채로 썰어요. 익힌 후 블렌더로 갈기 때문에 익기 쉽게 얇게만 썰면 됩니다.

2 팬에 버터, 당근, 양파를 넣고 볶아요.

3 다 볶은 후 소금을 넣어요.

4 물을 부어요.

5 핸드블렌더로 곱게 갈아요. 믹서기에 담아 갈아도 돼요.

6 생크림을 넣어요.

안밥모 tip

○당근:양파=3:1의 비율로 만들어야 달콤하고 맛있어요.

7 약불에서 저으며 원하는 농도가 될 때까지 끓여요.

닭다리백숙

힐링 요리 15

보양식 하면 떠오르는 대표 메뉴는 삼계탕이에요. 닭과 함께 끓이는 각종 약재들의 향 때문에 삼계탕을 싫어하는 아이들이 많아요. 하지만 닭다리를 활용해 약재를 최소화해서 만들면 아이들도 맛있게 먹을 수 있어요.

닭다리 2개
마늘 3개
양파 1/4개
불린 찹쌀 50g
다진 애호박 20g
다진 당근 10g
물 700ml
우유 200ml
소금 1~2꼬집

밥솥 재료

닭다리 2개
마늘 3개
양파 1/4개
찹쌀 80g
다진 애호박 20g
다진 당근 10g
물 300ml
소금 1~2꼬집

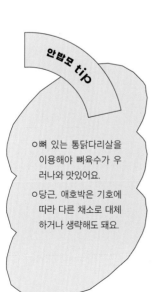

만밥모 tip

○뼈 있는 통닭다리살을
　이용해야 뼈육수가 우
　러나와 맛있어요.

○당근, 애호박은 기호에
　따라 다른 채소로 대체
　하거나 생략해도 돼요.

1 닭다리는 우유에 30분 정도 담
　가 잡내를 제거해요.

2 냄비에 물, 마늘, 양파, 닭다리
　를 넣어요.

3 센불에서 10분, 중불에서 20분
　정도 끓인 후 닭다리와 채소는
　건져요.

4 육수만 있는 냄비에 불린 찹쌀,
　다진 당근과 애호박을 넣어요.

5 약불에서 20분 이상 푹 퍼지도
　록 저어가며 끓여요. 소금을 넣
　어 간을 해요. 이때 닭다리살을
　발라 넣거나 닭다리는 따로 먹
　어도 좋아요.

밥솥으로 만들기

1 밥솥에 소금을 제외한 재료를
　모두 넣어요.

2 만능찜 모드에서 50분간 작동
　해요. 먹기 전 소금으로 살짝 간
　을 해요.

감자두부들깨죽

힐링 요리 16

아이들이 좋아하는 재료로 만든 감자두부들깨죽이에요. 고소하고 담백해 입맛 없는 아이들도 아주 좋아하는 요리예요.

재료

감자 1개
양파 1/4개
두부 1/4모
밥 100g
물 150ml
들깻가루 1/2큰술
간장 1/2큰술
다진 마늘 1작은술
소금 약간

1 감자와 양파는 적당한 크기로 잘라요.

2 팬에 감자, 양파, 물을 넣고 삶아요.

3 두부를 으깨서 넣어요.

4 밥과 다진 마늘을 넣고 끓여요.

5 간장을 넣은 후 부족한 간은 소금으로 보충해요. 들깻가루를 넣고 끓여요.

안밥모 tip

o씹고 삼키는 것이 어려운 아이들은 삶은 감자와 양파를 블렌더로 갈아서 만들어주세요.

밥도둑 반찬

병아리콩조림

반찬 01

병아리의 머리 모양과 비슷해서 병아리콩이라고 불리는 이집트콩은
단백질이 풍부하고 씹을수록 고소한 밤 맛이 나는 콩이랍니다. 간편하
게 밥솥으로 쪄도 맛있어요.

재료

병아리콩 50g
물 100ml
간장 1큰술
아가베시럽 1큰술
찐 고구마 1큰술

1 병아리콩은 찬물에 담간 반나 절 혹은 하루 정도 불려요.

2 밥솥에 불린 병아리콩, 물 100ml, 간장, 아가베시럽을 넣어요.

3 만능찜 모드로 쪄주세요.

4 찐 고구마와 함께 버무려요.

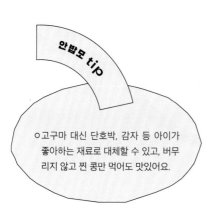

안밥모 tip

ㅇ고구마 대신 단호박, 감자 등 아이가 좋아하는 재료로 대체할 수 있고, 버무리지 않고 찐 콩만 먹어도 맛있어요.

닭다리살간장구이

반찬 02

부드러운 닭다리살을 맛있는 간장소스로 구워 만든 실패 없는 안밥모
히트 레시피예요. 소고기를 먹지 않는 아이들도 고기 먹는 맛을 알게
해주는 맛있는 밥반찬이랍니다.

재료

닭다리살 100g
우유 200ml
물 적당량

양념

간장 1큰술
올리고당 1작은술
설탕 1작은술
맛술 1작은술
다진 마늘 1/2작은술
후추 약간

1 닭다리살은 껍질을 벗겨낸 후 우유에 담가 10분 정도 재운 후 흐르는 물에 가볍게 헹궈요.

2 양념 재료를 넣고 섞어요.

3 볼에 닭다리살과 양념을 넣고 버무린 후 랩을 씌워 냉장고에 넣고 1시간 이상 숙성시켜요. 숙성 시간이 길수록 고기에 양념이 배어들어 맛있어요.

4 팬에 닭고기를 올려 약불에서 구워요. 이때 기름은 두르지 않아요.

5 양념이 쉽게 타기 때문에 물을 1스푼씩 넣으면서 앞뒤로 뒤집으며 충분히 익혀요.

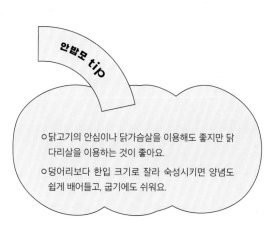

안밥모 tip

○ 닭고기의 안심이나 닭가슴살을 이용해도 좋지만 닭다리살을 이용하는 것이 좋아요.

○ 덩어리보다 한입 크기로 잘라 숙성시키면 양념도 쉽게 배어들고, 굽기에도 쉬워요.

단짠단짠 멸치볶음

반찬 03

멸치는 칼슘, 칼륨, 오메가 3, DHA 및 EPA 지방산이 풍부해요. 특히 칼슘의 왕이라 불려 우유를 안 먹는 아이에게는 아주 좋은 재료이지요. "맨밥만 먹어요"의 고민 글에 "멸치볶음 반찬을 줘보세요"라고 했더니, "이젠 멸치볶음만 먹어요"라는 웃지 못할 해프닝이 있을 정도로 아이의 입맛을 사로잡는 맛있는 반찬이에요.

재료

재료

멸치 100g
물 50ml

양념

간장 2큰술
설탕 1큰술
식용유 1/2큰술
올리고당 1/2큰술
맛술 1/2큰술
다진 마늘 1/2작은술

1 팬에 멸치를 넣고 중불에서 달달 볶아요. 이때 멸치를 흐르는 물에 한 번 씻은 후 볶으면 멸치의 짠맛도 줄어들고 이물질도 거를 수 있어요.

2 체로 탈탈 털어 잔가루를 제거해요.

3 양념 재료를 섞은 후 팬에 부어 끓여요. 이때 양념에 물을 넣지 않고 볶아야 기름에 간장이 튀겨지며 향과 맛이 좋아지고, 마늘이 익어서 달아요.

4 볶은 멸치를 양념이 있는 팬에 넣어 약불에서 볶아요.

안밥모 tip

○ 저염, 무염식을 먹는 경우 멸치를 5분 정도 물에 담갔다가 사용하세요. 멸치의 염분으로도 충분하니 양념의 양을 줄여 아이에게 맞춰요.

○ 가장 작은 크기의 어린이용 잔멸치가 아이들이 먹기에 좋아요.

○ 멸치볶음을 먹지 않는다면, 양념 없이 멸치만 까슬하게 볶아 반찬이 아닌 간식으로 멸치를 먼저 소개해주세요.

○ 아몬드, 땅콩, 호두 등 견과류를 더하면 좋아요.

5 양념이 눌어붙을 때 물을 넣고 같이 볶아 마무리해요.

아삭아삭 콩나물무침

반찬 04

콩나물 100g에 들어 있는 비타민 C의 양은 13mg으로 사과에 비해 3배 수준으로 높아 콩나물은 비타민 천국으로 불려요. 콩나물무침은 한식의 기본 반찬이지만 삶는 시간, 간 맞추기 등 처음 만드는 사람에게는 어려운 반찬이지요. 하지만 맛도 있고 아삭한 식감까지 있어 아이가 가장 좋아하는 반찬이 될 거예요.

재료

콩나물 150g
물 500ml
소금 3꼬집
다진 마늘 약간
다진 파 약간
깨소금 약간

양념
간장 1작은술
멸치액젓 1작은술
참치액젓 1작은술
참기름 1작은술

1 물에 소금을 넣고 끓여요.

2 물이 끓으면 콩나물을 넣고 뚜껑을 닫은 후 1분간 끓여요.

3 불을 끄고 뚜껑을 닫은 채로 2분 동안 그냥 두세요. 익히는 중간은 물론 다 끓인 후에도 바로 뚜껑을 열지 마세요.

4 콩나물은 건져 흐르는 물에 씻고 물기를 빼요.

5 양념 재료를 섞어 양념을 만든 후 콩나물에 버무려요.

6 기호에 따라 다진 마늘, 다진 파, 깨소금을 추가해도 좋아요. 마늘과 파는 양념을 만들 때 미리 넣어두면 매운 맛을 뺄 수 있어요.

안밥모 tip

○간에 민감한 아이들은 양념 없이 참기름 혹은 들기름으로만 무쳐도 좋아요.

○아삭한 식감을 부담스러워하면 콩나물 익히는 시간을 늘려 푹 익혀요.

○길다란 콩나물의 크기를 부담스러워하면 콩나물을 가위로 잘게 잘라요.

○다진 마늘, 다진 파, 깨소금은 구강 감각이 예민한 아이들에게는 피해주세요.

황태볶음

황태는 명태보다 단백질, 칼슘, 인, 칼륨과 같은 무기질 함량이 두 배로 늘어난 고급 고단백 식재료랍니다. 말린 생선이라 성공하기 어려운 듯 하지만 씹을수록 고소하고 담백한 황태와 단짠 양념이 어우러져 한번 맛보면 자꾸만 찾게 되는 아이들도 좋아하는 반찬이랍니다.

재료

황태 30g
다진 파 1큰술
식용유 1큰술

양념
간장 1작은술
굴소스 1작은술
설탕 1작은술
올리고당 1작은술
참기름 1작은술
다진 마늘 약간

1 작게 자른 황태는 찬물에 5분 정도 담가 불린 후 꺼내 손으로 물기를 짜요. 이때 너무 오래 불리면 황태 본연의 맛을 잃게 되니 주의하세요.

2 팬에 식용유를 두른 후 다진 파를 넣고 약불에서 볶으며 파기름을 내요.

3 양념 재료를 섞어 양념을 만든 후 한 번에 팬에 부어 볶아요.

4 황태를 넣고 볶아요.

안밥모 tip

○ 단단한 질감도 잘 먹는 아이라면 물에 불리는 시간을 줄이거나, 불리지 않고 흐르는 물에 살짝 씻으며 황태를 적셔줘요.

○ 한입 크기는 아이마다 다르므로 요리를 하기 전 황태를 아주 잘게 자르거나 혹은 완전히 다져서 만들어보세요. 먹기 전에 가위로 작게 잘라도 좋아요.

대패목살양념갈비맛구이

반찬 06

남녀노소 호불호 없는 양념갈비맛소스를 얇은 대패목살에 잘 버무려 맛있게 구워낸 단짠 고기 반찬이에요. 양념 재료도 간단해서 쉽게 만들 수 있어요.

냉동 대패목살 200g

양념
간장 1+1/2큰술
설탕 1큰술
맛술 1/2큰술
참기름 1/2큰술
다진 마늘 1/2큰술

1 볼에 고기와 양념 재료를 모두 넣은 후 섞어 냉장고에 넣고 반나절 이상 숙성시켜요.

2 팬에 양념한 고기를 올려 맛있게 구워요.

안방모 tip

○아무리 맛있는 소스를 사용하더라도 두껍거나 크고 질긴 고기는 아이들이 먹기 힘들어할 수 있어요. 대패목살, 대패삼겹살 등 얇게 나오는 고기를 활용해서 만들어보세요. 일반 고기보다 씹고 삼키기 훨씬 쉬워서 고기 먹는 맛을 알아갈 거예요. 소고기의 경우 샤브샤브용 또는 불고기용을 추천해요.

메추리알배조림

반찬 07

메추리알의 영양 성분은 달걀과 거의 유사하지만 칼슘, 엽산, 철분, 인 함량은 달걀보다 월등히 많은 데다가 크기가 작아 아이들이 거부감 없이 먹을 수 있어요. 배로 단맛을 더하면 밥반찬이면서 영양 만점 간식이 되기도 합니다.

재료

삶은 메추리알 10알
배 1/2쪽
간장 1작은술

1 배를 강판에 갈아요. 배즙을 이
용해도 좋아요.

2 팬에 간 배와 삶은 메추리알을
넣고 중불에서 끓여요.

3 간장을 넣고 약불에서 원하는
농도가 될 때까지 졸여요.

안밤모 tip

○ 배의 단맛을 활용할 뿐 아니라 과육을 함께 먹을 수
있어 채소를 잘 먹지 않는 아이들도 식이섬유를 섭
취해 변비 예방에도 좋답니다.
○ 메추리알에 귀여운 장식을 한다면 아이들이 더욱 좋
아해요.

부드러운 사태장조림

소고기장조림은 보통 홍두깨살로 만들지만, 사태 부위를 이용해 푹 끓이면 더욱 부드러운 장조림을 만들 수 있어요. 입안에서 살살 녹는 부드러운 사태장조림이 아이들의 밥을 모두 훔쳐갈 거예요.

재료

소고기 사태 100g
삶은 메추리알 5개
꽈리고추 3개
양파 30g
대파 10g
마늘 3알
다시마 1장
물 300ml
맛술 1큰술

양념

간장 2큰술
설탕 1큰술
후추 약간
생강가루 약간

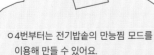

안밥모 tip

○ 4번부터는 전기밥솥의 만능찜 모드를
이용해 만들 수 있어요.

○ 모든 삶는 과정에서 고기가 육수에 잠
기도록 넣고 삶아야 고기가 질겨지지
않아요.

1 고기는 찬물에 10분 정도 담가
핏물을 빼고 지방과 힘줄을 손
질해요.

2 냄비에 고기를 넣고 고기가 잠
길 만큼 물을 넣은 후 끓여요.

3 물이 한 번 끓어오르면 고기만
건지고 끓인 물은 버려요.

4 새 냄비에 물 300ml, 양파, 대
파, 마늘, 다시마, 맛술을 넣고
센불에서 끓여요.

5 불순물이 떠오르면 걷어내고, 다
시마를 건진 후 중불에서 20분
정도 끓여요.

6 건더기를 건진 후 고기와 육수
만 남겨요.

7 양념 재료를 섞어 양념을 만든
후 넣어요.

8 메추리알을 넣은 후 약불에서
졸여요. 다 졸여지면 꽈리고추
를 넣고 마무리해요.

단호박감자우유조림

반찬 09

땅속의 비타민이라 불리는 감자는 비타민 C가 풍부해서 성장기 아이들에게 좋은 식재료예요. 볶은 감자 반찬을 잘 먹지 않는 아이들도 단호박으로 단맛을 내고 우유로 조려 고소한 맛을 낸 단호박감자우유조림은 맛있게 먹을 거예요.

> **재료**

감자 1개
찐 단호박 50g
우유 100ml

1 감자는 깍둑썰기 해요.

2 팬에 감자를 넣고 우유를 부은 후 끓여요.

3 찐 단호박을 팬에 넣고 뭉개며 저어요.

4 감자를 젓가락으로 찔러보고 익으면 완성이에요. 원하는 농도가 되도록 더 조리거나 혹은 우유를 추가해도 좋아요.

안밥모 *tip*

ㅇ 감자는 나박썰기, 깍둑썰기, 반달썰기, 채썰기 등 아이가 좋아하는 모양으로 잘라주세요.
ㅇ 단호박 대신 고구마를 이용해도 좋아요.

단호박 찌는 방법

① 깨끗하게 씻은 단호박은 접시에 담아 전자레인지에 넣고 2분간 돌려 살짝 익혀요.
② 반으로 잘라 숟가락으로 속을 파낸 후 적당한 크기로 잘라요.
③ 전자레인지용 찜기나 용기에 물을 조금 담은 후 자른 단호박을 넣고 뚜껑을 닫아 전자레인지에 다시 넣고 5분간 돌리면 쉽게 찔 수 있어요. 찐 단호박은 냉동실에 보관해 먹을 만큼 조금씩 꺼내요.

땅콩버터진미채볶음

반찬 10

간장이나 고추장이 아닌 고소한 땅콩버터로 진미채를 볶아보세요. 씹을수록 고소한 맛이 일품이에요. 색다른 요리를 만들어 아이의 입맛을 자극해보세요.

재료

진미채 50g
견과류 약간

양념
땅콩버터 1큰술
마요네즈 1큰술

1 진미채는 끓는 물에 넣고 살짝 데쳐요.

2 진미채를 건져 손으로 꽉 짜서 물기를 제거하고 적당한 길이로 잘라요.

3 볼에 진미채와 양념 재료를 넣고 골고루 섞어요.

4 팬에 땅콩버터를 무친 진미채를 넣고 약불에서 볶아요. 이때 견과류를 넣어요.

안밥모 tip

○ 땅콩이 씹히는 식감을 좋아한다면 크런치, 부드러운 식감을 원한다면 스무스한 타입의 땅콩버터를 선택하세요.

○ 땅콩버터가 무가당일 경우 설탕 1큰술을 넣어요.

○ 기호에 따라 마지막 단계에서 깨소금이나 견과류를 추가하면 좋아요.

당근김치

당근김치는 고려인들이 배추를 구하기 힘들어 김치 대용으로 만들었다고 해요. 이 당근김치를 유아식으로 조금 변형시켜봤어요. 당근 자체의 맛이나 향은 옅어지고 매콤한 맛 대신 새콤달콤한 맛으로 평소에 당근을 잘 못 먹는 아이들도 쉽게 먹을 수 있어요. 식감이 김치와 비슷해서 김치 입문용으로도 좋아요.

재료

당근 1개
소금 3~4꼬집

양념
매실청 1작은술
배즙 1작은술
식초 1작은술
다진 마늘 1/2작은술
참치액젓 1/2작은술

1 껍질 깐 당근을 곱게 채로 썰어요. 치즈그라인더를 이용하면 짧고 얇게 자를 수 있어요.

2 볼에 채 썬 당근과 소금을 넣은 후 골고루 섞어 30분 정도 두어 숨을 죽여요.

3 당근을 손으로 꽉 짜 물기를 제거해요. 이때 당근의 맛을 보고 짠맛이 많이 느껴지면 물로 헹군 후 물기를 짜요.

4 양념 재료를 섞어 양념을 만든 후 당근에 부어요.

안밥모 tip

○ 칼, 채칼, 치즈그라인더 순서로 얇게 채 썰 수 있어요.

○ 배즙과 매실청은 설탕 1작은술로 대체할 수 있어요.

○ 아삭한 당근의 식감을 싫어한다면 소금으로 숨 죽이기 단계 대신, 전자레인지 용기에 담아 전자레인지에 넣고 약 2분 정도 돌려 찐 당근으로 무침을 만들어요.

○ 무와 당근을 섞어 무당근생채로 활용할 수 있어요.

5 골고루 무쳐서 완성해요. 부족한 간은 소금으로 더해요.

한입에 쏙쏙 오이무침

반찬 12

아삭아삭한 식감을 좋아하는 아이라면 절반은 성공하는 오이무침이에요. 식초와 설탕으로 새콤달콤한 맛이 입맛을 돋워준답니다. 오이는 칼슘 흡수를 도와주는 비타민 K가 풍부하고, 펙틴이라는 수용성 섬유질이 풍부해 배변 활동을 원활하게 해요. 아직 김치, 깍두기를 먹지 못하는 아이들에게 개운함을 안겨주는 반찬이랍니다.

재료

오이 1개
설탕 1큰술
식초 1/2큰술
소금 1/2작은술

1 오이는 껍질을 깐 후 먹기 좋게 썰어요. 두께와 크기는 아이의 기호에 맞춰 조절해요.

2 오이에 소금을 뿌린 후 버무려 10분 정도 절여요.

3 절인 오이를 흐르는 물에 2번 정도 충분히 씻은 후 물기를 제거해요.

4 볼에 오이, 설탕, 식초를 넣은 후 잘 버무려요.

안밥모 tip

○ 오이를 반으로 갈라 숟가락으로 씨 부분을 긁어내면 오독오독한 식감을 살릴 수 있어요.

○ 모양틀을 이용해 예쁜 모양으로 만들어도 좋아요.

○ 깨소금, 참기름 등을 추가해도 좋아요.

○ 파프리카, 게맛살 등을 함께 무쳐주면 좋아요.

애호박볶음

부드러운 애호박을 맛있게 볶은 애호박볶음은 채소를 잘 먹지 않는 아이도 잘 먹을 수 있어요. 만들기도 간단해 냉장고가 텅 빈 날 빠르게 만들어서 줄 수 있어요.

재료

애호박 1/2개

물 2~3큰술

올리브오일 1작은술

들기름 1작은술

다진 마늘 1/2작은술

새우젓 1/2작은술

소금 약간

1 팬에 올리브오일과 들기름을 두른 후 한입 크기로 자른 애호박을 넣어요.

2 골고루 볶아요.

3 다진 마늘과 새우젓을 넣고 볶아요.

4 바닥에 눌어붙기 시작하면 물을 넣어요.

5 애호박이 충분히 익을 수 있게 약불에서 물기가 없어질 때까지 물볶음해요. 소금을 뿌려 마무리해요.

안밥모 tip

○ 새우젓은 그대로 사용해도 좋지만 이 물감을 싫어할 경우 믹서기로 갈거나 건더기를 빼고 사용해요.

○ 물볶음을 충분히 해야 애호박이 부드럽게 푹 익을 수 있어요.

○ 아삭한 식감을 좋아한다면 물볶음을 생략해요.

○ 새우, 오징어 등 해물을 더해 해물볶음 반찬으로 활용해도 좋아요.

갈릭버터팽이버섯구이

반찬 14

팽이버섯을 버터, 마늘과 함께 구워보세요. 고소한 맛에 버섯을 잘 안 먹는 아이들도 빠져들지요. 입맛이 없을 때 간식으로 만들어도 좋아요.

팽이버섯 50g
버터 10g
다진 마늘 1/2작은술
소금 1꼬집
후추 약간

1 팬에 버터와 다진 마늘 넣고 마늘이 노릇해질 정도로 충분히 볶아요. 입자에 예민한 아이들의 경우 이 과정을 생략해주세요.

2 버터 위에 팽이버섯을 올려요.

3 팽이버섯 위에 소금과 후추를 뿌려요. 1을 생략한 경우 갈릭파우더 1/2작은술을 함께 뿌려요.

4 팽이버섯의 바닥이 노릇하게 구워지면 뒤집어서 구워요.

안밤모 tip

○통째로 구운 팽이버섯은 잘 씹지 못하는 아이의 경우 먹기 힘들 수 있어, 먹기 전에 가위로 잘게 잘라주거나, 처음부터 먹기 좋은 크기로 자른 후 구워요.

○소금 대신 허브솔트를 사용해도 좋아요.

오징어볶음

반찬 15

오징어는 비타민 E, 아연, DHA 등이 풍부해 아이들 두뇌 발달에 아주
좋은 식재료랍니다. 달콤짭조름한 간장양념으로 맛있게 볶아낸 밥도
둑, 오징어볶음을 만들어보세요.

재료

오징어 1마리
양파 30g
당근 10g
대파 10g
마늘 2개
참기름 1작은술

양념

물 50ml
간장 2큰술
설탕 2큰술
생강가루 1꼬집

1 오징어는 한입 크기로 자르고 양파, 마늘을 슬라이스하고, 당근은 채로 썰어요. 대파는 송송 썰어요.

2 팬에 양념 재료를 모두 넣고 끓여요.

3 양파, 당근, 마늘을 넣어요.

4 오징어를 넣고 볶아요.

5 대파와 참기름을 넣고 마무리 해요.

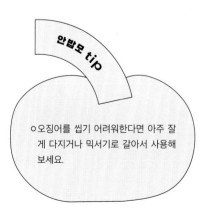

안밥모 tip

○ 오징어를 씹기 어려워한다면 아주 잘게 다지거나 믹서기로 갈아서 사용해 보세요.

어묵달걀전

반찬 16

어묵과 달걀만 있으면 아주 쉽고 간단하게 만들 수 있는 간편한 어묵달걀전이에요. 너무나 간단한 레시피를 보고 "이게 뭐야?" 했다가, 아이가 맛있게 잘 먹는 모습을 보고 또 한 번 "이게 뭐야!" 하는 매력적인 레시피랍니다.

사각 어묵 1장
달걀 1개
식용유 1큰술

1 어묵은 끓는 물에 넣고 살짝 데
쳐요.

2 달걀을 풀어 어묵을 넣고 달걀
옷을 입혀요.

3 팬에 식용유를 두르고 앞뒤로
노릇하게 구워요.

안밥모 tip

○어육 함량이 높고 도톰한 어묵, 어육
함량은 낮아도 얇아서 식감이 쫄깃한
어묵 등 아이가 좋아하는 어묵은 어떤
제품인지 탐색해보세요.

○어묵은 끓는 물에 데치거나 어묵에 끓
는 물을 부어주면 대부분의 식품 첨가
물들을 제거할 수 있어요.

가지볶음

반찬 17

여름이 제철인 가지는 어른들도 호불호가 강한 식재료지만, 맛있게 볶아낸 가지볶음은 아이들이 생각보다 잘 먹는 반찬이에요. 여름이 오면 잊지 말고 제철 채소인 가지로 만들어보세요. 제철 식재료만큼 몸에 좋은 것도 없으니까요.

재료

가지 1개
양파 40g
표고버섯 30g
들기름 2큰술
간장 1큰술
굴소스 1/2큰술
아가베시럽 1/2큰술
다진 마늘 1작은술

1 가지는 반으로 자르고 슬라이스해요. 표고버섯과 양파는 적당한 두께로 잘라요.

2 팬에 들기름을 두르고 다진 마늘을 넣은 후 가지, 표고버섯, 양파를 넣어 함께 볶아요.

3 간장, 굴소스, 아가베시럽을 넣고 볶아요.

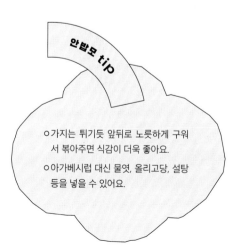

안밥모 tip

ㅇ가지는 튀기듯 앞뒤로 노릇하게 구워서 볶아주면 식감이 더욱 좋아요.
ㅇ아가베시럽 대신 물엿, 올리고당, 설탕 등을 넣을 수 있어요.

달큼 배추전

반찬 18

배추의 노란 속대를 부침가루 반죽에 묻혀 기름에 지져내는 경상도식
배추전이에요. 바로 구워낸 배추전은 바삭하고 고소하며 달큼한 배추
맛과 어우러져 별미예요.

재료

배추 잎 5장 내외
식용유 10ml
소금 1~2꼬집

반죽
달걀 1개
부침가루 1/2큰술
전분가루 1/2큰술

1 배추는 적당한 크기로 듬성듬
성 잘라요.

2 볼에 배추를 담고 소금을 뿌려
10분 정도 절인 후 손으로 꼭
짜 배추의 물기를 제거해요.

3 볼에 배추와 반죽 재료를 모두
넣고 골고루 섞어요.

4 팬에 식용유를 두른 후 배추를
올려 앞뒤로 노릇하게 구워요.

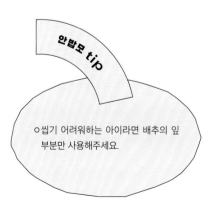

안밥모 tip

○씹기 어려워하는 아이라면 배추의 잎
부분만 사용해주세요.

원팬 아삭 숙주잡채

반찬 19

만들기 번거로울 것이라는 편견을 깬 원팬으로 간편하게 만드는 잡채 레시피예요. 아삭한 숙주가 더해져 씹히는 맛도 좋고, 단짠 간장소스의 감칠맛이 당면에 스며들어 아이들이 좋아하는 이색 반찬이랍니다.

재료

숙주 50g
당면 40g
양파 15g
당근 15g
표고버섯 15g
부추 10g

양념
간장 2큰술
참기름 2큰술
설탕 1큰술
다진 마늘 1작은술
후추 약간

1 당면은 미지근한 물에 담가 말랑해질 때까지 충분히 불려요.

2 팬에 양념 재료를 모두 넣고 볶아요.

3 양파, 당근, 표고버섯은 채 썬 후 팬에 넣고 볶아요.

4 불린 당면을 넣고 약불에서 볶아요. 센불에서 볶으면 양념이 탈 수 있어요. 물기가 없고 들러붙는다면 물 2~3큰술 정도 넣어요.

5 숙주와 부추는 먹기 좋은 크기로 잘라 넣고 숨이 죽을 때까지 볶아요.

안밥모 tip

○ 아삭한 식감을 더 살리고 싶다면 숙주의 양을 늘려보세요.
○ 밥에 비비면 잡채비빔밥이 되지요.
○ 숙주 대신 콩나물을 활용할 수 있어요.
○ 숙주의 아삭함이 낯선 아이들은 숙주를 빼고 당면잡채로 만들어요.

에프 채소구이

반찬 20

에어프라이어로 간편하고 맛있게 구워낸 채소구이예요. 다양한 채소
를 하나씩 골라 먹는 재미가 있어요. 아이가 좋아하는 채소를 이용하면
더욱 좋아요.

재료

고구마 30g

파프리카 30g

애호박 30g

양파 30g

새송이버섯 20g

브로콜리 20g

옥수수 20g

올리브오일 2큰술

소금 약간

후추 약간

1 볼에 한입 크기로 자른 채소들과 모든 재료를 넣고 골고루 섞어요.

2 에어프라이어에 넓게 펴서 담은 후 180도에서 10~15분 정도 구워요.

안뱝모 tip

○잘 먹지 않는 채소를 시도할 때는 좋아하는 채소와 함께 조리해주세요.

당근맛탕

푹 익혀 몰캉한 당근에 달콤한 양념을 더하면 한입 쏙쏙 맛있는 당근맛탕이 되지요. 밥 한입, 달콤한 당근맛탕 한입! 달달함으로 식사 시간이 즐거워진답니다.

재료

당근 1/2개
물 100ml
올리브오일 1큰술
올리고당 1큰술
깨 약간

1 당근을 작게 깍둑썰기 해요.

2 팬에 올리브오일을 두르고 당근을 넣어 볶아요.

3 물을 붓고 푹 익혀요.

4 물기가 사라질 때까지 익힌 후 올리고당과 깨를 두르고 마무리해요.

안밥모 tip

○당근을 얇게 썬 후 모양틀로 찍어 예쁜 모양을 만들어도 좋아요.

달걀김전

반찬 22

아이들이 좋아하는 달걀과 김이 만났어요. 김에 달걀옷을 입혀 굽는 아주 간단한 레시피지만 달걀이나 김을 안 먹는 아이도 한 번에 모두 먹게 해주는 마법의 요리예요.

조미 김 10장
달걀 1개
식용유 10ml

1 달걀을 푼 후 김을 올려 달걀옷을 입혀요.

2 팬에 식용유를 넉넉히 두른 후 김을 올려 앞뒤로 노릇하게 구워요.

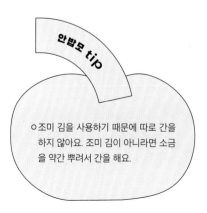

안밥모 tip

ㅇ조미 김을 사용하기 때문에 따로 간을 하지 않아요. 조미 김이 아니라면 소금을 약간 뿌려서 간을 해요.

연어스테이크

반찬 23

슈퍼 푸드라고 불리는 연어는 단백질, 아미노산분만 아니라 비타민까지 포함하고 있어 아주 몸에 좋은 생선이랍니다. 그냥 구워 먹어도 맛있지만, 간장소스를 더하면 더욱 감칠맛이 살아나요.

재료

연어 130g
양파 50g
밀가루 30g
식용유 적당량

양념

물 4큰술
간장 1큰술
올리고당 1큰술
맛술 1큰술
마늘 1작은술
참기름 1작은술

1 연어는 흐르는 물에 살짝 헹궈 물기를 제거한 후 밀가루를 묻혀요.

2 팬에 식용유 20ml를 두르고 연어를 올려 앞뒤로 노릇하게 구운 후 따로 옮겨둬요.

3 빈 팬에 식용유 1큰술을 두르고 채 썬 양파를 넣어 볶아요.

4 양파에 양념 재료를 모두 붓고 졸이다가 구운 연어를 넣어 함께 조려요.

안밥요 tip

o 바삭한 식감을 좋아하는 아이라면 연어를 작은 조각으로 잘라 밀가루를 묻혀 튀기듯 익혀요.

o 부드러운 식감을 좋아하는 아이라면 굽지 않고 찐 후 양념을 해요.

o 생선을 구울 때 밀가루를 묻혀 구우면 살이 흐트러지지 않고 수분이 빠져나가는 것을 막아 굽는 중 기름이 튀는 것도 줄일 수 있어요.

두부카레구이

반찬 24

두부구이를 좋아하는 아이들이 더욱 맛있게 먹을 수 있는 마법의 한 스푼은 바로 카레가루예요. 카레가루를 더해서 맛있는 두부구이를 만들어보세요.

재료

두부 150g
달걀 2개
식용유 20ml
카레가루 2큰술
부침가루 1큰술

1 두부는 먹기 좋은 크기로 잘라요.

2 부침가루와 카레가루를 섞은 후 두부에 골고루 묻혀요.

3 달걀을 풀어 두부에 묻혀요.

4 팬에 식용유를 넉넉히 두른 후 두부를 올려 앞뒤로 노릇하게 구워요.

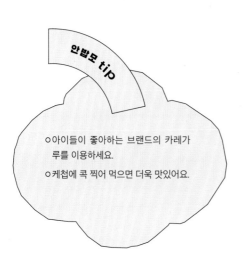

안뱀모 tip

○ 아이들이 좋아하는 브랜드의 카레가루를 이용하세요.
○ 케첩에 콕 찍어 먹으면 더욱 맛있어요.

메추리알튀김

메추리알을 바삭하게 튀겨 만드는 맛있는 메추리알튀김이에요. 케첩 소스는 새콤달콤해 아이들이 아주 좋아하지요. 포크로 하나씩 콕콕 집어 먹는 재미까지 있어 즐겁게 먹을 수 있어요.

삶은 메추리알 10개
다진 당근 10g
다진 양파 10g
다진 애호박 10g
튀김가루 적당량
식용유 적당량

반죽물
물 60ml
튀김가루 2큰술

양념
물 2큰술
간장 1큰술
올리고당 1큰술
케첩 1/2큰술

1 반죽물 재료를 섞어 반죽물을 만든 후 메추리알은 튀김가루와 반죽물을 순서대로 묻혀요.

2 팬에 식용유를 충분히 두르고 메추리알을 올려 튀긴 후 메추리알을 건져내요.

3 빈 팬에 식용유 1큰술을 두른 후 다진 당근, 다진 양파, 다진 애호박을 넣고 볶아요.

4 양념 재료를 모두 넣고 끓여요.

5 양념이 끓어오르면 튀긴 메추리알을 넣고 조려요.

안밥모 tip

○ 삶은 메추리알, 삶은 달걀, 떡 등의 재료를 튀길 때는 폭발의 위험이 있으므로 주의하세요. 삶은 메추리알은 튀기기 전에 바늘 또는 이쑤시개 등으로 구멍을 뚫거나 반으로 잘라 튀기면 폭발을 예방할 수 있어요.

○ 튀김가루, 달걀, 빵가루를 순서대로 묻혀 튀김옷을 입혀도 좋아요.

종이 포일 생선구이

반찬 26

생선을 구울 때 종이 포일로 감싸서 구워보세요. 기름이 튀지 않아 편하게 구울 수 있으면서 겉은 바삭하고 속은 촉촉하고 부드럽게 익어 아이도 잘 먹는 조리 방법이랍니다.

임연수어 2조각
올리브오일 1큰술
식초 2작은술
소금 적당량

1 볼에 임연수어를 담고 임연수어가 잠길 만큼 찬물을 부어요. 소금 1/2작은술과 식초를 넣고 10분 정도 둔 후 물기를 제거해요. 냉동 생선일 경우 쉽게 해동할 수 있고, 냉장 생선일 경우 비린내를 잡을 수 있어요.

2 종이 포일을 편 후 임연수어를 올리고 올리브오일을 전체에 발라요. 소금 1~2꼬집을 흩뿌려요.

3 종이 포일로 생선을 감싸며 접어요.

4 팬에 종이 포일에 감싼 생선을 올리고 뚜껑을 닫은 후 중약불에서 10분 정도 구워요.

5 종이 포일 바닥에 갈색빛이 돌고 윗부분에 수분이 맺히는 게 보인다면 뒤집어요.

6 뚜껑을 닫고 약불에서 5분 정도 더 익혀요.

안밥모 tip

ㅇ가자미, 갈치, 도미, 농어, 삼치, 고등어, 대구, 볼락, 연어, 굴비 등 다양한 생선을 구워보세요.

에프 파피요르

반찬 27

프랑스어로 파피요트(papillote)는 기름 종이라는 뜻이에요. 생선이나 해산물을 종이 포일로 감싸 각종 채소와 함께 오븐에 굽는 프랑스 요리지요. 겉은 구워지면서 속은 밀봉된 종이 포일 안에서 생기는 증기로 식재료가 쪄지기 때문에 촉촉하고 부드럽게 익힐 수 있어요.

재료

흰살 생선 100g
슬라이스 레몬 3개
방울토마토 3개
아스파라거스 3개
식초 2작은술
소금 1/2작은술

양념

올리브오일 1큰술
소금 1~2꼬집
후추 약간

안밥모 tip

○ 생선은 좋아하는 종류를 사용해요.

○ 생선 대신 닭고기, 돼지고기, 소고기 등 육류 또한 동일한 방식으로 조리하면 촉촉하고 부드럽게 익힐 수 있어요.

○ 레몬 향은 음식의 풍미를 더해 식욕을 돋우고, 구워지며 나오는 레몬즙이 생선의 비린내를 없애요.

○ 레몬은 베이킹소다나 굵은 소금으로 겉면을 문질러 씻은 후 끓는 물에 넣어요. 약 10초 정도 짧게 삶고 건져 식초를 떨어뜨린 물에 10분 정도 담근 후 물기를 닦아요.

○ 레몬을 평소 잘 쓰지 않는다면 슬라이스로 잘라 서로 붙지 않도록 종이 포일로 감싸 냉동 보관한 후 필요할 때마다 하나씩 꺼내 쓰면 편리하고 오래 사용할 수 있어요.

1 볼에 생선을 담고 생선이 잠길 만큼 찬물을 부은 후 소금과 식초를 넣어요. 10분 정도 둔 후 물기를 제거해요.

2 종이 포일에 생선을 올리고 양념 재료를 흩뿌려요.

3 방울토마토, 아스파라거스를 먹기 좋게 잘라 슬라이스 레몬과 함께 생선과 어루어지게 올려요.

4 사탕을 싸듯 종이 포일로 생선을 감싼 후 양쪽을 돌돌 말아요.

5 에어프라이어에 넣고 200도에서 20분 동안 구워요.

새우김전

새우를 잘 먹지 않는 아이도 고소한 김맛이 어우러져 바삭하게 구운 전
은 맛있게 먹어요. 새우를 잘게 다져서 넣기 때문에 식감에 예민한 아
이도 거부감 없이 즐길 수 있어요.

재료

냉동 새우 5마리
조미 김 2장
식용유 20ml
물 3큰술
부침가루 1큰술

1 볼에 냉동 새우를 넣고 잠길 만큼 찬물을 담아 10분간 녹인 후 잘게 다져요.

2 볼에 다진 새우를 넣고 조미 김을 잘게 찢어 넣어요.

3 부침가루와 물을 넣고 섞어요.

4 팬에 식용유를 넉넉히 두르고 반죽을 올려 앞뒤로 노릇하게 구워요.

안뱁모 tip

○ 저염을 원한다면 조미 김 대신 마른 김을, 부침가루 대신 쌀가루를 사용해요.

○ 새우와 조미 김, 부침가루를 사용했기 때문에 추가로 간을 하지 않아도 짭짤하고 맛있어요.

○ 새우 맛이 강해서 잘 먹지 않는다면 브로콜리, 당근, 옥수수, 애호박 등 갖은 채소를 다져 더해주면 좋아요.

Chapter 9.

고열량 간식으로
칼로리 높이기

From.
라라
리쿠맘
만복이
예성
윤앤송
이냐냐
지아야한입만
하둥이
호
흑당라떼

10분 완성 달걀빵

고열량 간식 01

간단한 재료로 10분만에 뚝딱 만드는 초간단 달걀빵이에요. 영양 가득
맛있는 달걀빵으로 즐거운 간식 시간을 만들어보세요.

달걀 1개
핫케이크가루 50g
우유 50ml
모차렐라치즈 적당량

1 볼에 핫케이크가루, 우유, 달걀을 넣고 잘 섞어요.

2 실리콘머핀틀에 반죽을 2/3 정도 담아요.

3 치즈를 올려요.

4 에어프라이어에 넣고 170도에서 10분간 구워요.

안쌤모 tip

ㅇ간혹 간편하게 굽기 위해 일회용 종이컵에 반죽을 넣고 사용하는 경우가 있는데, 일회용 종이컵 내부는 폴리에틸렌 코팅이 되어 있어 105~110℃를 넘게 되면 코팅 물질이 녹거나 변형될 수 있으므로 주의하세요. 반드시 베이킹용으로 나온 안전한 소재의 머핀틀을 이용하세요.

ㅇ아기치즈, 체다치즈, 모차렐라치즈 등 치즈는 기호에 따라 넣거나 빼도 괜찮아요.

ㅇ아이가 좋아하는 견과류, 초코칩, 과일을 활용하면 다양한 빵을 만들 수 있어요.

단호박치즈볼

달콤한 단호박과 치즈, 달걀로 간편하게 만들 수 있는 영양 간식이에요. 포만감이 좋은 단호박과 달걀로 만들어 밥을 부실하게 먹은 날 간식으로 주면 마음까지 든든해져요.

재료

찐 단호박 40g
삶은 달걀 1개
슬라이스치즈 1장

1 삶은 달걀은 흰자를 다지고, 노른자는 체로 곱게 내려요.

2 볼에 찐 단호박, 치즈, 다진 흰자를 넣고 섞어요.

3 반죽을 동그랗게 만들어 다진 노른자 위로 굴려 완성해요.

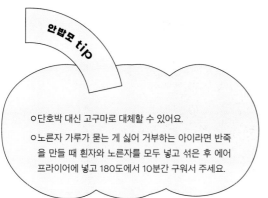

안밥모 tip

○ 단호박 대신 고구마로 대체할 수 있어요.
○ 노른자 가루가 묻는 게 싫어 거부하는 아이라면 반죽을 만들 때 흰자와 노른자를 모두 넣고 섞은 후 에어프라이어에 넣고 180도에서 10분간 구워서 주세요.

짬뽕요거트

요거트를 싫어하는 아이는 좋아하게 되는 계기가 되고, 요거트를 좋아하는 아이는 더욱 기호성이 높아지는 간식이에요. 이것저것 넣다 보니 짬뽕이 되었다고 짬뽕요거트라는 별명이 생긴 이 레시피는 칼로리뿐만 아니라 영양 성분도 좋아 간편한 한 끼 식사 대체식으로도 좋아요.

재료

찐 밤 4알
요거트 1개
바나나 1개
삶은 달걀노른자 1개

1 볼에 재료들을 다 넣어요.

2 매셔나 포크를 이용해서 으깨며 섞어요.

안밥모 tip

○ 바나나가 들어가기 때문에 플레인 요거트를 이용해도 달콤하지만, 평소 아이가 좋아하는 요거트 맛을 선택해도 좋아요.

○ 오트밀, 아보카도 등 좋아하는 재료를 넣을 수 있어요.

○ 주스, 도라지즙을 추가하면 좀 더 묽게 만들 수 있어요.

○ 군밤, 찐 밤 모두 사용 가능하지만 시중에 판매되는 조미 밤을 넣으면 기호성이 좋아져요.

바나나튀김

고열량 간식 04

겉은 바삭, 속은 아이스크림처럼 달콤한 매력적인 바나나튀김을 만들
면 고칼로리 영양 간식이 된답니다. 기름에 지글지글 튀겨도 맛있지만
간편하게 에어프라이어를 이용해서 만들어보세요. 바나나를 안 먹는
아이들도 맛있게 먹을 수 있어요.

바나나 1개
달걀 1개
밀가루 30g
빵가루 30g
식용유 10ml

1 바나나를 한입 크기로 잘라요.

2 바나나를 밀가루, 달걀, 빵가루 순서로 묻혀요.

3 밀계옷을 입힌 바나나의 겉면에 식용유를 발라요. 이 과정은 생략해도 되지만 식용유를 발라주면 더욱 맛있어져요.

4 에어프라이어에 넣고 180도에서 7분간 작동한 후 뒤집어서 5분간 작동해 완성해요.

안밥모 tip

ㅇ바나나를 얇게 또는 길게 자르는 등 아이가 먹기 편한 크기와 모양으로 잘라주세요.

아보카도바나나스무디

숲속의 버터라 불리는 아보카도는 몸에 좋은 불포화 지방산과 각종 비타민이 풍부하여 세계 10대 슈퍼 푸드로 선정되었다고 해요. 100g에 약 160kcal 정도의 고열량 식재료이기에, 하루 섭취 칼로리가 부족한 우리 안밥이들의 고열량 간식으로 안성맞춤입니다. 여기에 달콤한 바나나까지 더해 부드럽고 맛있는 스무디를 즐길 수 있어요.

아보카도 1/2개
바나나 1/2개
우유 100ml
요거트 40g

1 아보카도, 바나나, 요거트, 우유를 준비해요. 이때 아보카도는 씨를 빼요.

2 믹서기에 재료를 넣고 충분히 갈아요.

안밥모 tip

ㅇ무가당 요거트를 사용해도 바나나가 더해져 달콤해요.

ㅇ레시피 대로 만들었을 때는 조금 굵은 빨대로 빨아 먹거나 숟가락으로 떠먹기에 딱 좋은 농도가 돼요. 만약 아이가 빨대를 꽂아 먹는 걸 좋아한다면 우유의 양을 조금 더 늘려 주스처럼 묽게 만들고, 숟가락으로 떠먹는 것을 좋아한다면 우유의 양을 줄여 되직하게 만들어보세요.

ㅇ달콤함을 더해주고 싶다면 아가베시럽 또는 올리고당을 1큰술 넣어주세요.

아보카도 관리법

① 아보카도는 색이 짙을수록 잘 익은 상태예요. 구입 후 바로 요리에 사용하고 싶다면 짙은 초록색을 띄는 아보카도를 사는 것이 좋아요.

② 자르지 않은 익은 아보카도는 실온에서 3~4일, 냉장 보관 시 7~10일 정도 보관 가능해요.

③ 자른 아보카도를 보관할 때는 랩으로 감싸거나 밀폐 용기에 넣어 2~3일 정도 보관할 수 있는데, 레몬즙을 살짝 뿌려주면 산화를 방지해 갈변을 막을 수 있어요.

④ 후숙을 빨리시키고 싶다면 바나나, 복숭아, 사과 등과 같이 에틸렌을 생산하는 다른 과일과 함께 두면 숙성을 촉진시킬 수 있어요.

⑤ 아보카도를 잘랐을 때 짙은 갈색 또는 검은색 반점이 생기면, 아보카도 씨앗에서 영양분과 수분을 운반하는 혈관이 산화되어 검게 변한 거예요. 과육에서 냄새가 나지 않는다면 검은 부분을 걷어내고 먹어도 좋아요. 다만 과육이 전체적으로 검게 변하고 끈적이고 냄새가 날 경우 상했을 수도 있으니 먹지 않는 것이 좋아요.

고구마잣스무디

밥을 안 먹는 아이들에게 탄수화물 대체식으로 주기 좋은 고구마는 섬유 질이 풍부하고 영양과 맛을 갖추고 있으나 퍽퍽한 식감 때문에 먹이기가 쉽지가 않아요. 고구마말랭이도 간식으로 좋지만, 이마저도 잘 먹지 않는 안밥이들을 위해 부드럽게 갈아 만들었어요. 여기에 잣을 더하면 불포화 지방산과 단백질을 가득 품은 영양 만점 스무디 간식이 되지요.

재료

잣 10개 내외
고구마 1개
슬라이스치즈 1장
우유 100ml

1 고구마는 찌거나 구워요. 에어 프라이어로 구울 경우 200도에서 30분 정도 구워요.

2 믹서기에 고구마, 잣, 치즈, 우유를 넣고 충분히 갈아요.

안밥모 tip

○ 구운 고구마를 사용하면 더욱 맛있어요. 짧은 시간에 온도가 급격하게 올라 삶거나 찌는 고구마에 비해, 서서히 열을 올려 구우면 전분을 당분으로 변화시키는 베타-아밀라아제라는 효소의 활동 시간이 길어져 당도가 10~20% 정도 더 높아진다고 해요.

○ 견과류는 알레르기를 일으키는 대표적인 음식이에요. 아토피 피부염이 있거나 부모가 알레르기 체질인 경우 견과류는 조심하세요.

○ 따뜻하게 데우면 수프, 시원하게 만들면 주스가 됩니다.

감자버터구이

고열량 간식 07

누구나 좋아하는 휴게소 감자버터구이의 맛을 연상시키는 안밥모 레시피랍니다. 전자레인지를 이용해 조리 과정도 짧고 간편해서 인기 만점이에요. 달짝하고 고소해 간식으로도 좋지만 반찬으로도 활용할 수 있어요.

감자 1개
버터 5g
설탕 1작은술
소금 1꼬집

1 감자는 작게 깍둑썰기 해요.

2 감자는 흐르는 물에 2~3번 씻어요.

3 전자레인지 용기에 감자를 담아 전자레인지에 넣은 후 1분간 돌려요. 전자레인지로 미리 익히면 볶는 시간이 단축돼요.

4 팬에 버터와 감자를 함께 넣고 볶아요.

안밥모 *tip*

○ 물로 씻어 감자의 전분을 제거하면 볶는 과정에서 서로 엉겨붙거나 팬에 눌어붙지 않아 볶기 쉽고, 깔끔한 맛을 낼 수 있어요.

○ 최소 생후 12개월 이상의 꿀을 먹을 수 있는 아이라면 설탕 대신 꿀을 이용해도 좋아요.

○ 4번 이후의 과정은 에어프라이어에 넣고 180도에서 10분, 뒤집어서 10분간 익히는 것으로 대체할 수 있어요.

5 소금을 뿌리고 감자가 노릇하게 익을 때까지 볶아요.

6 설탕을 넣고 섞어요.

바나나쌀머핀

아이들이 좋아하는 바나나를 이용해서 간편하게 만들 수 있는 레시피예요. 쌀가루로 만들어 밥을 안 먹는 아이에게는 식사 대용으로 줄 수 있는 영양 가득 바나나쌀머핀이에요.

바나나 1개
달걀 1개
쌀가루 40g

1 볼에 바나나, 쌀가루, 달걀을 넣어요.

2 매셔나 포크를 이용해 바나나를 으깨면서 골고루 섞어요.

3 머핀틀에 반죽을 넣어요.

4 에어프라이어에 넣고 160도에서 15분간 작동시켜요.

안밥모 tip

ㅇ쌀가루 대신 팬케이크믹스를 사용하면 아이가 더욱 좋아해요.

두부빵

고기를 잘 먹지 않는 아이들을 위해 두부로 만드는 간편한 두부빵이에요. 탄수화물과 단백질을 함께 먹일 수 있다는 것이 큰 위안이 되는 간식 레시피랍니다.

재료

두부 1/2모
핫케이크가루 60g
우유 1~2큰술

1 두부는 키친타월로 톡톡 두드려 물기를 제거해요.

2 볼에 두부와 핫케이크가루를 넣고 매셔나 포크로 두부와 핫케이크가루를 골고루 섞어 반죽해요.

3 우유를 넣고 섞어 반죽해요. 농도에 따라 우유는 조절할 수 있는데, 약간 촉촉한 농도로 만들어주세요.

4 빵틀이나 와플틀에 반죽을 올려 구워요.

안밥모 tip

○완성한 반죽을 비닐 팩에 담아 모서리에 구멍을 뚫어 도넛 모양이나 추로스 모양으로 길쭉하게 짜서 기름에 튀겨보세요. 구운 빵을 먹지 않는 아이들도 튀긴 빵은 잘 먹는 경우가 많아요.

안심땅콩잼말이

고열량 간식 10

부드러운 닭고기 안심과 고소한 땅콩잼을 라이스페이퍼로 말아 에어 프라이어로 바삭하게 구운 간식이에요. 어른 입맛에도 아주 맛있어 온 가족 간식으로도 좋아요.

재료

삶은 닭고기 안심 60g

땅콩잼 20g

라이스페이퍼 4장

식용유 10ml

1 닭고기는 잘게 찢어 땅콩잼과 섞어요.

2 물에 적신 라이스페이퍼를 펴고 1을 올려요.

3 아래쪽에서 한 번, 양쪽에서 한 번씩 접은 후 위로 돌돌 말아요.

4 에어프라이어에 넣고 겉면에 식용유를 발라요.

5 에어프라이어로 180도에서 10분, 뒤집어서 5분간 구워요.

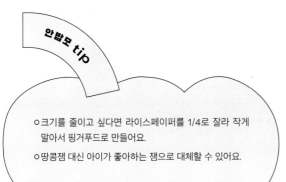

안밥모 *tip*

○ 크기를 줄이고 싶다면 라이스페이퍼를 1/4로 잘라 작게 말아서 핑거푸드로 만들어요.

○ 땅콩잼 대신 아이가 좋아하는 잼으로 대체할 수 있어요.

고구마말랭이

고열량 간식 11

시판 고구마말랭이를 잘 먹지 않는 아이를 위해 부드럽게 재탄생시킨 엄마표 고구마말랭이입니다. 속은 촉촉하고 겉은 바삭해서 손에 잘 묻어나지 않아 아이 스스로 한 손에 쥐고 잘 먹는 간식이에요.

재료

찐 고구마 100g
삶은 달걀노른자 1개
쌀가루 1큰술

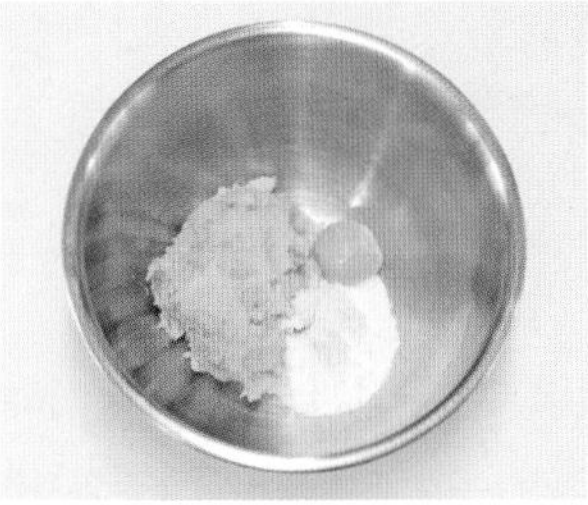

1 볼에 찐 고구마, 삶은 달걀노른자, 쌀가루를 넣고 골고루 섞어 반죽을 만들어요.

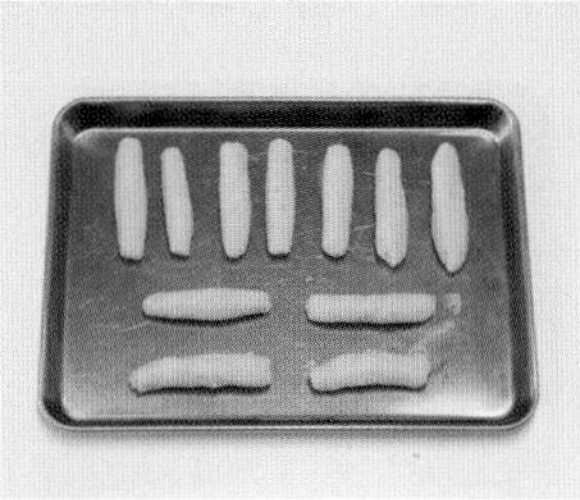

2 아이가 잡고 먹기 쉽도록 모양을 만들어요.

3 에어프라이어에 넣고 170도에서 10분간 작동한 후 뒤집어서 3분간 작동해요.

안밥모 tip

- 밤고구마일 경우 농도 조절을 위해 우유 1~2큰술을 추가해서 촉촉하게 만들어주세요.
- 고구마 입자를 좀 더 곱게 하고 싶다면 고구마에 우유를 더해 믹서기로 갈아주세요.
- 스틱 모양, 볼 모양 등 아이가 좋아하는 모양으로 만들 수 있어요.
- 치즈, 단호박 등 아이가 좋아하는 재료를 추가할 수 있어요.

리얼 달걀과자

고열량 간식 12

달걀노른자를 이용한 홈메이드 달걀과자예요. 시판 달걀과자가 아닌 엄마표 달걀과자를 만들어보세요. 달걀만 있으면 손쉽게 만들 수 있답니다.

삶은 달걀노른자 2개
전분가루 1작은술

1 볼에 삶은 달걀노른자와 전분 가루를 넣고 섞어 반죽을 만들 어요.

2 아이가 먹기 좋은 크기로 동글 납작하게 만들어 에어프라이어 에 넣어요.

3 에어프라이어를 120도에서 10 분간 작동한 후 뒤집어서 5분 간 더 작동해요.

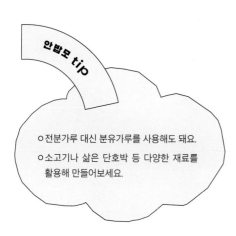

안밥요 tip

◦전분가루 대신 분유가루를 사용해도 돼요.

◦소고기나 삶은 단호박 등 다양한 재료를
  활용해 만들어보세요.

고구마치즈호떡

고열량 간식 13

겉은 바삭하고 속은 부드러우며 달콤한 고구마치즈호떡이에요. 서늘한 바람이 불어올 때 집에서 호떡을 만들어 간식으로 즐겨보세요. 몸도 마음도 따뜻해질 거예요.

재료

삶은 달걀노른자 1개
삶은 고구마 1/2개
슬라이스치즈 1장
식용유 20ml

1 볼에 삶은 고구마와 달걀노른 자를 넣고 으깨며 섞어요. **2** 손으로 둥글게 반죽을 만들어요.

3 반죽의 반을 둥글납작하게 만 든 후 치즈를 올려요. 그 위에 나머지 반죽을 덮어요. **4** 팬에 식용유를 넉넉히 두르고 반 죽을 앞뒤로 노릇하게 구워요.

안밥모 tip

○ 고구마의 종류에 따라 반죽의 농도가 다를 수 있어요. 밤고구마의 경우 반죽할 때 우유를 1~2큰술 정도 넣어 촉촉하게 만들면 모양을 잡기가 쉬워요.

○ 쫀득함을 더하고 싶다면 반죽에 전분가루 1큰 술을 추가해주세요.

당면볶이

부산의 명물인 비빔당면이나 채소 없이 만든 잡채와 비슷한 당면볶이입니다. 고구마의 녹말로 만든 당면은 밥을 먹지 않고 면을 좋아하는 아이들에게 탄수화물을 채워줄 수 있는 좋은 식재료예요.

당면 30g
물 200ml
간장 1큰술
설탕 1/2큰술
참기름 1작은술
갈릭파우더 1/3작은술
치킨스톡 1꼬집

1 당면은 미지근한 물에 담가 10분 정도 불려요.

2 냄비에 불린 당면과 물 200ml를 넣고 약 5~6분 정도 끓여요.

3 당면을 건진 후 당면 삶은 물은 2큰술 정도 남겨두고 모두 버려요.

4 팬에 삶은 당면과 설탕을 넣고 약불에서 골고루 볶아요.

5 간장, 갈릭파우더, 치킨스톡을 넣고 골고루 섞으며 볶아요. 이때 물기가 부족하면 3의 남겨둔 당면 삶은 물을 넣어요.

6 참기름을 넣어 마무리해요.

안뱅모 tip

○ 주로 고구마전분으로 만드는 당면은 고열량 음식으로 다이어트하는 사람들에게 주적으로 손꼽히는 식재료예요. 부드럽고 매끈매끈한 당면으로 다양한 요리를 만들어보세요.

복숭아병조림

고연량 간식 15

6~8월 한여름이 제철인 과일 복숭아는 맛도 좋고 몸에도 좋아 장수의
과일로 알려져 있어요. 과일마저 잘 먹지 않는 아이가 있다면 달콤한
맛 가득 살린 복숭아병조림을 추천해요.

복숭아 1개
물 500ml
설탕 150g
식초(또는 레몬즙) 1큰술

1 복숭아는 껍질을 까고 아이가 먹기 편한 모양으로 잘라요.

2 냄비에 물과 설탕을 넣고 끓어 오르면 식초 또는 레몬즙을 넣고 불을 꺼요.

3 열탕 소독한 유리병에 자른 복숭아를 담고 끓인 설탕물을 넣어요.

4 용기의 열기가 식으면 뚜껑을 닫고 냉장고에 넣어 보관한 후 시원하게 먹어요.

안밥모 tip

○ 복숭아는 과육이나 겉표면의 솜털을 만졌을 때 알레르기가 있을 수 있기 때문에 주의하세요.

○ 복숭아의 유기산이 만나면 소화 작용을 방해하여 설사 또는 복통을 일으키기 쉬운 음식(지방이 많은 장어 등)이 있어요. 같이 먹지 않도록 유의하세요.

진미채튀김

고열량 간식 16

오징어를 잘 먹지 못하는 아이들도 부드럽고 바삭한 식감에 자꾸만 손
이 가는 중독성 강한 진미채튀김이에요. 반찬으로도 좋고 간식으로도
좋아요.

재료

진미채 50g
튀김가루 20g
식용유 50ml

반죽물
물 60ml
튀김가루 20g

1 진미채는 흐르는 물에 씻은 후 가위를 이용해 먹기 좋은 크기로 잘라요.

2 반죽물 재료를 섞어 반죽물을 만들어요. 진미채를 튀김가루, 반죽물 순서로 묻혀요.

3 팬에 식용유를 넉넉히 두른 후 진미채를 올려 튀겨요.

안밥모 tip

○ 진미채가 딱딱하다면 쌀뜨물에 담근 후 전자레인지에 넣고 1분간 돌려요. 전자레인지에서 꺼내 찬물로 헹군 후 손으로 물기를 짜 사용해요.

○ 진미채튀김은 그냥 먹어도 맛있지만 설탕을 뿌리거나, 마요네즈에 찍어 먹어도 좋아요.

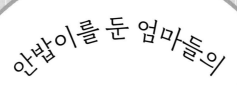

안밥이를 둔 엄마들의

생생한
후기 인터뷰

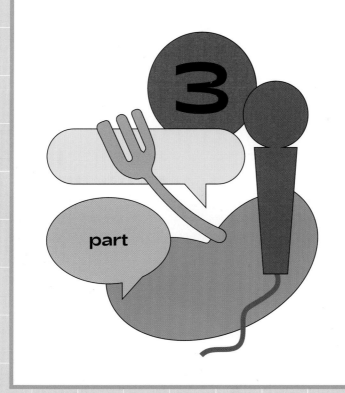

모태 안밥이 13개월 아들맘

우리 집 '안밥이'를 소개해주세요.

단우는 조리원에서부터 안 먹는 아이였어요. 유축을 해서 수유를 했는데, 제 모유의 양이 많지 않았어요. 그래서 분유라도 잘 먹어주길 바라는 마음이 있었지만 보통 신생아들이 먹는 양만큼 먹지 않았어요. 조리원에서 퇴소하면 잘 먹겠지, 생각했는데 집에 와서도 여전히 안 먹었지요. 3.34kg으로 튼튼하게 태어난 단우였지만 생후 80일에 고작 5kg에 불과했어요. 백일을 앞두고도 한 번에 분유 100ml를 먹기 힘들어했지요. 겨우 먹여놓으면 토하기 일쑤였던 아이예요.

〈안밥모〉 까페 레시피 중에 가장 큰 도움이 되었던 레시피에 관해 이야기해주세요.

단우는 막 돌이 지나 13개월이 되었어요. 뱃골이 작고 입도 짧아 이유식을 조금 오래 먹인 탓에 안밥모 레시피를 아직 많이 따라해보진 못했어요. 현재는 무른 밥을 먹이고 있어요. 적응을 시키고 난 뒤 본격적으로 레시피를 따라 해보려고 여러 레시피에 '좋아요'를 잔뜩 눌러놓고 있답니다. 안밥모 레시피 중에서 간식 종류는 많이 따라해봤어요. 그중에서 가장 단우가 좋아했던 메뉴는 고구마치즈볼이에요. 재료 준비도 쉽고 조리법도 너무 간단했어요. 삶은 고구마와 치즈 한 장을 볼에 넣고 으깨서 모양을 잡아 에어프라이어에 넣기만 하면 완성이라 요알못인 저도 쉽게 따라 할 수 있었어요. 입맛 까다로운 아들도 잘 먹어줘서 너무 기뻤답니다. 앞으로 간식뿐만 아니라 유아식도 안밥모 레시피의 도움으로 직접 만들어서 줄 예정이에요.

●

안 먹는 아이를 둔 부모님들께 한마디!

안 먹는 아이를 키워보지 않으면 얼마나 힘든지 모를 거예요. 특히 아직 말이 트이기 전인 아이의 경우 맛이 없어서 안 먹는 건지, 어딘가 불편해서 안 먹는 건지, 소화가 안 되는 건지 도저히 알 수가 없더라고요. 주변에서는 다들 먹을 때가 되면 알아서 먹는다, 그래도 다 큰다, 굶겨봐라 등 많은 이야기를 하는데 사실 이런 이야기들이 더 상처가 되기도 했어요. 지금 〈안밥모〉의 모든 회원님들이 같은 마음이겠지만 비 온 뒤 맑아진다는 말도 있듯이 엄마들이 고생한 만큼 언젠가는 우리 아이들이 잘 먹고 잘 크는 날이 오리라 믿어요. 그때까지 〈안밥모〉에서 함께 파이팅해요!

●

안밥모 레시피를 처음 만나는 독자들에게

이 책은 안 먹는 아이에게 한 입이라도 더 먹이고자 시간과 정성을 가득 쏟아 만든 레시피들로 구성되어 있어요. 따라서 시중에 나와 있는 일반적이고 평범한 레시피들과는 차별된다고 생각해요. 간단한 간식부터 레스토랑 못지않은 고급 레시피까지 총망라되어는 〈안밥모〉 카페의 소중한 레시피들이에요. 저 같은 요린이도 하나씩 따라 만들다 보면 자신만의 레시피도 생기지 않을까 생각합니다. 이렇게 소중한 레시피를 공유해준 안밥모 회원님들께 감사드립니다.

밥을 싫어하는 25개월 아들맘

●

우리 집 '안밥이'를 소개해주세요.

이유식을 시작하기 전 분유는 잘 먹는 날도 있고 안 먹는 날도 있었던 보통의 아이였는데, 이유식 중후기부터 이유식 거부, 수저 거부 등 너무 힘들었어요. 이유식을 먹일 때마다 머리부터 귀, 의자, 방바닥, 벽까지 이유식이 안 묻은 곳이 없고, 매번 울고 뻗대고 저도 아기도 너무 힘든 나날들이었어요. 특히 돌 전후엔 이유식 1회당 50g 먹는 게 다였고 시판 이유식을 먹이다가 만들어도 줘보고, 업체도 바꿔보고, 유아식을 주거나 자기주도식으로도 바꿔봤지만 나아지지 않았어요. 너무 안 먹어서 그 즈음 몸무게도 1kg 가까이 빠졌어요. 의사 선생님께 이야기해도 억지로 먹이지 말라고만 하고 해결 방법이 없어서 늘 속상한 마음으로 지냈죠.

●

〈안밥모〉 까페 레시피 중에 가장 큰 도움이 되었던 레시피에 관해 이야기해주세요.

저희 아이는 밥(쌀)을 안 먹는 아이였어요. 밥을 먹이는 건 어느 정도 포기했는데, 거기에 고기까지 안 먹으니 너무 속이 타들어 가더라고요. 원래 구운 고기는 잘 먹었는데 이앓이를 하거나 감기 등으로 아프거나 때로는 알 수 없는 이유로 고기를 거부할 때도 있었어요. 그때 소고기퓌레 레시피 도움을 아주 많이 받았답니다. 갈아놓은 거라 씹지 않아도 되니 이나 목이 아파도 어느 정도는 먹더라고요. 거기에 국이나 다른 음식을 할 때도 퓌레를 추가하면 고기를 조금 더 먹일 수 있어서 좋았어요. 요새도 퓌레를 만들어놓고 냉동실에 10g씩 얼려서 국이나 반찬을 만들 때 활용한답니다. 특히 아기가 잘 먹는 파스타를 줄 때 퓌레 한 수저 넣으면 맛도 좋아지고 엄마 마음도 든든해지고 너무 좋아요.

그리고 멸치까까! 이건 스테디셀러 반찬입니다. 입맛 없을 때도 멸치까까는 절반 이상 스스로 집어 먹을 정도로 아주 좋아해요. 어른이 먹어도 맛있어서 반찬으로 매주 만들어 먹어요. 만드는 법도 아주 쉽고 간단해서 요린이도 후다닥 할 수 있어요.

●

안 먹는 아이를 둔 부모님들께 한마디!

아이가 안 먹는 것만큼 부모의 속을 태우는 일도 없지요. 그래서 저도 아이가 안 먹을 때 스스로 자책도 하고 아이한테 화도 내봤지만 그게 좋은 쪽으로 가지는 않더라고요. 물론 아이는 잘 먹고 잘 자는 게 최고이지만 그것보다 더 중요한 게 있다는 걸 잊지 마세요. 아이에게 화를 내고 다그치면 그 순간은 한 수저 더 먹일 수 있지만 그 시간이 아이에게도 엄마에게도 행복하지 않다는 것을요.

아주 힘든 일이고 저도 아직은 부족하지만 우리 아이가 안 먹는 걸 인정하고 화내거나 자책하지 않았으면 좋겠어요. 그건 아이의 잘못도 부모의 잘못도 아니니까요. 그리고 우리 아이만 안 먹는 게 아니랍니다. 생각보다 많은 아이들이 안 먹고 편식을 하더라고요.

안밥모 레시피를 처음 만나는 독자들에게

이 책에 레시피들은 안 먹는 우리 아이를 어떻게 하면 먹일 수 있을지, '더 작게! 더 부드럽게! 더 맛있게!'를 고민하면서 만든 엄마들의 실제 레시피들이에요. 하나하나 다 소중한 이야기들이지요. 모든 아이들의 입맛이 다 같진 않겠지만 비슷한 고민을 가진 엄마들의 레시피라서 잘 살펴보고 시도해보면 어떤 레시피나 식감을 우리 아이가 좋아하는지 알 수 있을 거예요. 그것만 알아도 많은 음식 거부를 줄일 수 있게 되지요. 그리고 소소한 팁도 많고 요리 과정도 자세해서 초보자도 충분히 시도해볼 수 있는 레시피들도 아주 많아요. 거기에 맛은 덤! 어렵지 않은 레시피부터 차근차근 시도해보면 더 어려운 것도 척척 해낼 수 있을 거예요. 우리는 부모니까요!

안 먹어서 엄마 속을 태운 29개월 아들맘

●

우리 집 '안밥이'를 소개해주세요.

우리 이이는 태어나서부터 모유를 빨지도 않았기에 비려지는 모유가 더 많았습니다. 그래서 분유 수유를 시도했는데 그 역시 어느 정도 배가 차면 혀로 밀어내기 일쑤였습니다. 거의 100일까지는 한 번 먹을 때 평균 60ml 정도 먹었던 것 같습니다. 그래서 하루 총량을 조금이라도 더 채우기 위해 어쩔 수 없이 수유 횟수를 늘려 자주 먹이는 방법을 선택했습니다. 이유식과 유아식으로 들어갔을 때도 상황은 전혀 나아지지 않았지요. 그러다 보니 제 스트레스는 나날이 더 높아졌고 그 부정적인 감정이 아이에게 흐르니 자책감까지 더해졌습니다. 언제나 아이 식습관에 관련된 정보를 인터넷으로 찾아다녔어요.

●

〈안밥모〉 까페 레시피 중에 가장 큰 도움이 되었던 레시피에 관해 이야기해주세요.

안밥모 레시피 중 제 아이에게 으뜸이 되는 레시피를 꼽으라면 단연 팝콘치킨을 선택할 것입니다. 고기는 늘 구워주거나 불고기 또는 밥전에 넣어 먹였는데 팝콘치킨 레시피를 보고 밀계빵에 입혀 한입 크기로 튀겨주니 정말 잘 먹더라고요. 크기가 작다 보니 많은 양의 기름이 필요하지도 않고 아주 간편하게 만들어줄 수 있어서 자주 해준 레시피입니다. 저는 귀찮은 것을 싫어하는데 아이가 잘 먹으니 매일 튀김용 웍을 꺼내놓고 만들어 먹였습니다. 아이 영양 간식으로 강추합니다.

안 먹는 아이를 둔 부모님들께 한마디!

안 먹는 아이를 둔 부모들이라면 하루 세 끼 먹이는 일이 몸과 마음의 에너지를 다 쏟을 만큼 얼마나 힘든 일인지 잘 알고 있습니다. 잘 먹지 않더라도 잘 크고 아프지 않는다면 그리 걱정하지 않을 텐데 안 먹는 아이를 둔 부모들은 기침 소리 하나에도 그냥 편히 지나칠 수가 없습니다. 음식을 보충하고 면역력을 높이기 위해 좋다는 영양제가 있으면 최대한 먹여보는 등 많은 노력들을 하지요. 하지만 이러한 여러 과정 가운데에서 놓치지 말아야 할 한 가지는 바로 양육자의 마음입니다. 결국 밥을 잘 먹이려는 것도 아이의 몸과 마음을 건강하게 자라게 하려고 하는 것인데 아이를 키우다 보면 순간 그 마음을 놓쳐 주객전도의 상황이 생겨버립니다. 지독히도 힘든 시기를 보내며 부모의 마음이 바닥까지 가라앉으면 그 감정이 아이에게 흘러가게 되지요. 제가 가장 후회했던 부분입니다. 다시 돌아간다면 죽을 힘을 다해 다시 노력해보고 싶습니다.

안밥모 레시피를 처음 만나는 독자들에게

안 먹는 아이들도 성향이나 기질이 모두 다 다릅니다. 같은 아이라고 하더라도 월령이나 컨디션에 따라 다르기도 할 테니까요. 이 책의 모든 부분을 그대로 다 적용하는 것보다 내 아이의 편식, 식습관, 성향 등에 따라 차분히 활용해본다면 분명 도움이 될 것입니다.

세 입으로 끝! 28개월 딸맘

우리 집 '안밥이'를 소개해주세요.

저는 이유식 전에 모유 수유를 해서 아이가 얼마나 안 먹는지 잘 몰랐어요. 그런데 이유식을 하고 나서 우리 아이는 정말 안 먹는 아이라는 걸 깨달았어요. 이유식 기간 동안 제가 제일 많이 했던 말은 "제발 네 입만 먹자"였어요. 매번 딱 세 입만 먹고 나면 앉아 있기 싫다고 울고 숟가락 들고 있는 제 손을 쳐내곤 했거든요. 주변에는 잘 먹는 아이들뿐이었고 SNS만 봐도 안 먹는 아이는 별로 없어서 너무 막막하고 힘들었어요.

〈안밥모〉 까페 레시피 중에 가장 큰 도움이 되었던 레시피에 관해 이야기해주세요.

여러 레시피로 도움을 받았지만 가장 기억에 남는 건 가지튀김이랑 당근물볶음밥이에요. 먹는 것이 한정되어 있던 우리 아이가 안 먹던 재료를 먹게 해준 레시피들이지요. 특히 가지튀김 레시피를 응용해서 다른 채소들을 사용해보니, 전에는 먹지 않던 채소들도 잘 먹어서 깜짝 놀랐어요. 그리고 쌀에 대한 거부가 많은 아이라서 쌀밥 자체를 먹이기가 힘들었는데 당근물볶음밥을 해주니 달달해서 그런지 꽤 먹더라고요.

안 먹는 아이를 둔 부모님들께 한마디!

안 먹는 아이를 키운다는 건 정말 힘든 일이에요. 말도 못하는 아이에게 왜 안 먹는지, 뭘 해줘야 먹을 건지, 하소연도 해보고 힘든 시간들이었어요. 아직 두 돌을 조금 넘긴 아이를 키우고 있지만 제가 하고 싶은 말은, 아이는 다른 아이들보다 안 먹어도 아이만의 속도로 성장해가고 있다는 것입니다. 몇 달 전 아니, 한 달 전 사진만 봐도 '우리 아이가 지금보다 이렇게 아기 같았구나', '뭐 먹고 크나 했는데 크긴 크는구나' 싶어요. 아이와 밥 전쟁을 했던 시간들이 미안해지기도 하고요.

아직 다 내려놓지는 못했지만 우리 아이가 예민하고 입 짧은 아이라는 걸 받아들이고 몇 입 먹고 안 먹더라도 기분 좋게 식사를 마무리하고 있어요. 내려놓기가 정말 힘든 일인 건 알지만 아이와 나를 위해 필요한 것 같아요. 그리고 희망적인 건 아이가 커가면서 맛볼 수 있는 음식의 종류도 많아지면서 먹고 싶어 하는 음식들도 생기더라고요. 나중에 시간이 많이 흘러서 우리 아이가 어른이 되면 네가 이렇게 안 먹던 아이였다고 웃으면서 말해줄 날도 오리라 믿어요. 안 먹어서 너무 힘든 시간들이지만 우리 아이에게 다시는 오지 않을 순간들이잖아요. 밥 한 숟가락 먹이려 애쓰기보다 한 번 더 웃어줄 수 있는 부모가 되려고 노력 중이에요.

안밥모 레시피를 처음 만나는 독자들에게

안 먹는 아이들은 잘 먹던 재료라도 식감, 크기, 요리 방법에 따라서 예민하게 반응하는 것 같아요. 이 책은 안 먹는 아이들이 맛있게 먹을 수 있도록 하나의 요리마다 〈안밥모〉 카페의 회원님들만의 작은 팁들이 들어간 책이에요. 안 먹던 재료라도 이 책의 방법이라면 먹을 수도 있어요. 책의 레시피에서 통했던 요리들은 재료만 바꿔서 만들어보니 식감이나 느낌이 비슷해서 그런지 곧잘 먹더라고요. 이런 방식으로 안 먹는 아이들이 먹을 수 있는 음식의 종류를 늘려가면 좋을 거 같아요.

하위 0%! 4남매맘

우리 집 '안밥이'를 소개해주세요.

신생아 시절부터 지독하게 안 먹던 첫째는 7살이 된 현재까지 영유아 검진에서 하위 0%를 벗어나지 못하고 있어요. 신생아 시절에 살찌는 분유가 있다는 이야기를 듣고 먹여 보았지만 전혀 효과를 보지 못했어요. 매번 가는 소아청소년과 의사선생님께서 아이가 작으니 이유식을 일찍 시작하라고 해서 실행에 옮겨보았지만 역시 별다른 효과를 보지 못했습니다. 지금은 다둥이맘이 되었지만 그 당시만 해도 첫째 아이였기 때문에 육아에 대한 지식이 전무했습니다. 모든 사람들이 부모가 되기 전에는 우리 아이가 안 먹고 하위 0%가 될 거라는 생각을 하지 않듯이 저 또한 우리 아이가 안 먹을 줄 몰랐습니다.

〈안밥모〉 까페 레시피 중에 가장 큰 도움이 되었던 레시피에 관해 이야기해주세요.

저희 아이는 입으로 들어가는 모든 음식에 대한 거부가 있었어요. 그러던 중 '좋아하고 씹을 수 있는 음식'을 알게 해준 요리의 재료가 바로 닭이었습니다. 한줄기 희망을 안고 〈안밥모〉에서 찾은 레시피가 바로 닭스튜입니다. 사실 조금은 생소했지만 이 음식을 잘 먹는다는 글들을 많이 접했기 때문에 차근차근 만들어보았습니다. 처음 만드는 음식이었지만 누구나 따라 할 수 있는 친절한 레시피로 생각보다 쉽게 만들 수 있었어요. 닭스튜는 으깬 채소를 활용하는 요리인데요. 놀라웠던 일은 채소라면 쳐다도 안 보던 아이가 한 그릇을 뚝딱한 것이에요. 안밥모 레시피 너무 고마워요!

●

안 먹는 아이를 둔 부모님들께 한마디!

음식을 안 먹는 아이를 키운다는 건 정말 너무 힘든 일이에요. 직접 경험해보지 않고서는 감히 상상도 할 수 없는 어려움이 있지요. 저는 항상 '우리 아이가 잘 먹는 아이이면 어떨까?'라는 상상을 하곤 했어요. 하지만 이제 〈안밥모〉를 통해 많은 것을 보고 배워 우리 아이들도 '음식을 맛있게 먹을 수 있구나'라는 생각이 드네요! 지금 이 책의 레시피를 보고 있는 독자분들도 포기하지 말고 안밥모 레시피를 통해 맛있는 음식을 만들어 맛있게 먹는 내 아이의 모습을 보았으면 좋겠습니다.

●

안밥모 레시피를 처음 만나는 독자들에게

코로나 시국으로 배달 음식에 익숙해졌지만 한편으로는 외부에서 만들어진 음식을 사서 먹는 게 불안했던 날들을 생각한다면 더욱 반가운 책이 아닐까 싶어요. 안밥모 레시피들은 카페에서 이미 검증된 레시피인 데다 요리 초보자도 쉽게 따라 할 수 있어요. 이 책은 안 먹는 아이를 키우는 세상의 모든 엄마들이 아이를 키우는 데 도움이 될 거라 확신합니다. 안밥이들이 잘밥이가 되는 그날까지 함께 힘내요!

이유식, 유아식 모두 거부! 50개월 아들맘

●

우리 집 '안밥이'를 소개해주세요.

저희 아이는 조리원에서는 비교적 잘 먹었고 상당히 큰 편에 속했어요. 그래서 사실 먹는 것에 대해 걱정할 거라고는 상상도 해본 적이 없었어요. 분유까지는 사실 무난하게 잘 먹는 편이었어요. 하지만 이유식을 시작하고부터 걱정이 시작됐어요. 어느 날부터 헛구역질을 시작하더니 이유식 거부가 심하게 왔어요. 일시적이길 바랐지만 장기화되면서 점점 밥 먹는 시간이 공포로 다가오기 시작할 정도였죠.

●

⟨안밥모⟩ 까페 레시피 중에 가장 큰 도움이 되었던 레시피에 관해 이야기해주세요.

또니는 고기와 밥은 일절 안 먹고 채소조차도 거부하던 아이였어요. 그러던 중 어떤 회원님이 고기를 참소스에 찍어주니 먹었다는 글을 보고 저도 참소스에 찍어서 줘봤더니 놀랍게도 그렇게도 안 먹던 고기를 먹기 시작하더라고요. 채소의 경우에는 밥전, 밥와플, 달걀말이밥이 큰 도움이 되었어요. 정말 채소는 입도 안 대던 아이가 밥전이나 밥와플, 달걀말이밥에 채소를 조금씩 넣어서 주니 먹기 시작했거든요. ⟨안밥모⟩에는 다른 유아식 책에는 없는 간단하고 조리가 편한 음식들도 많아서 정말 많이 시도해볼 수 있었어요.

안 먹는 아이를 둔 부모님들께 한마디!

안 먹는 아이를 키운다는 건 정말 힘든 일이에요. 열심히 만든 밥은 버리기 일쑤이고 밥 먹이는 시간은 1시간은 기본, 길면 2시간까지 걸리는 등 엄마의 많은 인내가 필요해요. 이건 정말 안 겪어본 사람들은 모를 거예요. 저 역시 어렸을 때 잘 먹었기에 왜 우리 아이는 이렇게 안 먹을까 하는 생각에 너무 힘든 날을 보냈어요. 그럴 때마다 〈안밥모〉를 통해서 정보뿐 아니라 마음의 위로도 많이 얻었어요. 그러면서 저는 정말 많이 내려놓았어요. '언젠간 먹어주겠지', '일단 내가 할 수 있는 최대한의 노력을 하자'라는 마음가짐으로 바뀌었죠. 안 먹는 아이를 둔 부모님들 모두 힘내세요. 아이도 언젠가는 부모의 마음을 알고 조금씩 먹어줄 날이 올 거예요!

안밥모 레시피를 처음 만나는 독자들에게

이 책에는 조리법은 간단하지만 맛은 보장하는 레시피들이 가득해요. 왜냐하면 엄마들이 안밥모 아이들의 입맛에 맞추려 피나는 노력 끝에 만들어낸 레시피거든요. 언뜻 보기에 간단해서 별거 아닌 것처럼 보일 수 있지만 엄마들이 '피, 땀, 눈물'을 흘린 결과물이기 때문에 맛은 보장한다고 자부합니다. 요리에 자신 없는 부모님들도 이 책의 레시피대로만 따라 한다면 좋은 결과가 있을 거예요.

입 짧은 3세, 6세 두 아들맘

우리 집 '안밥이'를 소개해주세요.

첫째는 한번도 음식을 맛있다고 한 적이 없는 아이이고 둘째는 입자가 크면 바로 뱉어버리는 아이예요. 첫째를 키울 때만 해도 많이 우울하진 않았어요. 왜냐하면 몸무게가 조금씩이라고 늘고 있었고 분유 수유 이후에는 입은 짧지만 그래도 입을 벌려 먹어주기라도 했으니까요. 하지만 둘째가 태어나고 상황이 달라졌어요. 첫째는 안 먹으니 둘째라도 잘 먹길 바랐었지요. 다행히 병원이나 조리원에서는 잘 먹어주어서 '나도 이제 잘 먹는 아이를 키우게 되었구나'라고 잠시 기뻐했어요. 하지만 몸무게가 너무 더디게 늘고 입이 점점 짧아지더니 입꾹하고 안 먹는 날이 많아졌어요.

〈안밥모〉 까페 레시피 중에 가장 큰 도움이 되었던 레시피에 관해 이야기해주세요.

전 사실 요리에 소질이 없어서 간편식 위주의 식단을 많이 주는 편이에요. 그래서 레시피도 되도록이면 간편하면서 영양가 있고 맛있는 걸 먼저 찾게 되더라고요. 안밥모 레시피는 간단하지만 영양은 가득한 레시피가 많아요. 위낙 안 먹는 아이들이 많아서 한 번을 먹이더라도 영양을 반드시 고려해야 하기 때문이지요. 그중에서 인상 깊었던 건 브로콜리튀김이에요. 브로콜리를 데치거나 찌기만 했지 튀겨서 먹여볼 생각은 전혀 못했었는데, 카페에서 한 회원님의 성공담을 읽고는 바로 기름에 살짝 튀겨보았어요. 브로콜리는 고온에서 영양 손실이 없게 신경 써야 해서 튀겨도 될까 걱정을 했지만 채소의 맛과 친숙하게 해주는 게 저에겐 우선이었어요. 뭐라도 입을 벌려 먹기를 바란 건 당연

한 마음이었고요. 첫째는 맛있다는 말을 잘 안 하는 아이인데 브로콜리튀김을 먹더니 "음, 이건 맛있다!"라고 하는 거예요. 기분이 날아갈 것 같았어요. 그 이후로는 안 먹는 음식은 일단 무조건 튀겨서 도전해보고 있습니다.

안 먹는 아이를 둔 부모님들께 한마디!

"밥만 잘 먹어도 육아가 편하다"라고 감히 말할 수 있을 정도로 밥 안 먹는 아이를 키운다는 건 그 무엇보다 힘든 일인 것 같아요. 때 맞춰 오는 밥 시간이 지옥이 따로 없다고 느낄 정도로 정말 힘든 시간이지요. 그럴 때는 혼자 해결하려고만 하지 말고 주위를 둘러보길 추천해요. 같은 처지에 놓여 있고 같은 고민을 하고 있는 부모가 있다는 것만으로도 큰 위로가 될 때가 있거든요. 저에겐 〈안밥모〉 카페가 그런 존재였어요. 언젠간 우리 아이들도 잘 먹는 날이 올 거예요. 우리 희망을 놓지 말아요!

안밥모 레시피를 처음 만나는 독자들에게

저는 이 책이 절박한 부모들의 오아시스 같은 책이 되었으면 좋겠어요. 요리에 소질이 없어도 되고 재료에 무지해도 상관없어요. 하나하나 따라 하다 보면 어느새 맛있는 요리가 완성되지요. 저도 매일매일 한 개씩 따라 해보는 중이랍니다. 도장 깨기식으로 이 책에 나오는 모든 레시피를 다 해볼 생각이에요. 이 책은 수많은 안밥모 부모님들의 사랑으로 채워진 레시피이다 보니 디테일과 꼼꼼함이 살아 있다고 자부해요.

작게 태어난 24개월 딸맘

●

우리 집 '안밥이'를 소개해주세요.

아이는 40주 3일에 2.73kg으로 또래보다 조금 작은
아이로 태어났어요. 작게 낳아서 크게 키우겠다는 마음으로 조리원에 입소했지
만, 조리원에서부터 분유를 거의 먹지 못해 가장 작은 체중으로 퇴소했지요. 집
에 와서도 20~30ml씩 겨우 끊어가며 먹인 분유를 울렁울렁하다 분수토하며
그 자리에서 모두 다 게워내는 일이 다반사였어요. 수유를 하던 서재방은 온 벽
에 토가 튀어서 벽지를 갈아야 했어요. 하다 못해 양동이로 토를 받는 지경이
되었지요. 이대로는 안 되겠다 싶어서 병원에서 저체중아 진료를 받았어요.

●

〈안밥모〉 까페 레시피 중에 가장 큰 도움이 되었던
레시피에 관해 이야기해주세요.

저희 아이는 돌 무렵부터 맨밥만 먹고 고기를 일절 먹
지 않아 정밀검사를 받아보니 빈혈이라는 판정을 받았어요. 어떻게 하면 소고
기를 먹일 수 있을까 고민하다 〈안밥모〉에서 소고기퓌레 레시피를 보게 되었는
데, 소고기 특유의 식감과 냄새가 없어 밥에 섞어 먹일 수 있겠더라고요. 대부분
의 아이들에게는 고기를 구워주면 되겠지만, 우리 아이처럼 고기를 씹어 먹는
게 힘든 경우, 소고기퓌레를 활용하니 많은 양은 아니지만 고기를 먹일 수 있어
너무 감사했어요. 소고기를 안 먹는 아이라면 안밥모 레시피의 소고기퓌레를
꼭 해보세요.

안 먹는 아이를 둔 부모님들께 한마디!

아이가 어릴 때는 먹는 게 가장 중요한데 우리 아이는 도통 안 먹으니 안 먹는 아이를 키우는 것만큼 스트레스를 받고 힘든 일도 없지요. 자꾸 먹는 깃에민 집칙하다 보면 아이에게 화를 내게 되고 엄마의 얼굴은 굳어만 가고, 그걸 눈치 챈 아이는 엄마 눈치만 힐끔힐끔 보게 돼요. 내 자식이 그렇게 크기를 원하는 엄마는 아무도 없을 텐데 말이죠. 저처럼 후회하지 않으려면 아이와의 먹고 먹이기 싸움을 조금 내려놓으세요.

안밥모 레시피를 처음 만나는 독자들에게

시중에는 유아식 레시피 책이 많지만 우리 아이와 같이 식감과 식재료에 예민한 아이에게 적용하기에는 난이도가 너무 높았어요. 그렇지만 이 책은 먹는 게 조금 서툰 우리 아이가 많이 좋아했던, 잘 먹었던 레시피로 구성되어 있어 적용했을 때의 성공률이 높을 거라 확신해요. 또한 간단한 레시피가 많다 보니 요리에 자신이 없는 독자분들도 아마 쉽게 따라 할 수 있을 거예요. 안 먹는 아이부터 잘 먹는 아이까지 이 책의 레시피들이 도움이 되어 우리 아이들 모두 건강하게 쑥쑥 커주길 바랍니다.

음식에 예민한 50개월 딸맘

우리 집 '안밥이'를 소개해주세요.

우리 아이는 6개월에 이유식을 시작한 이래로 이유식 거부가 갈수록 심해져서 하루 세끼 통틀어 한 숟가락밖에 못 먹이는 날도 허다했어요. 즉 나머지 두 끼는 아예 한 입도 안 먹었다는 거죠. 간을 해줘도, 시판 이유식을 먹여봐도 똑같이 안 먹었어요. 심지어 다른 아이들이 다 좋아한다는 떡뻥, 고구마말랭이, 치즈, 과일 등을 입에 넣어주면 격렬하게 울면서 뱉어냈어요. 6개월부터 돌 무렵까지 거의 모유만으로 연명했다고 해도 과언이 아닙니다. 지인들의 조언대로 해봐도 소용이 없어 늘 답답한 마음으로 지냈어요.

〈안밥모〉 까페 레시피 중에 가장 큰 도움이 되었던 레시피에 관해 이야기해주세요.

우리 아이가 조금씩 먹기 시작하면서 가장 사랑했던 식재료는 달걀이었는데 제가 요리를 잘 못하니 달걀프라이, 달걀말이, 달걀볶음밥 정도만 돌려가며 주는 수준이라 이러다 달걀마저 질리면 어쩌나 고민이 되더라고요. 다행히 〈안밥모〉에 달걀을 활용한 레시피들이 종종 올라와서 도움을 많이 받았어요. 그중에서도 특히 채소치즈프리타타와 푸딩달걀찜을 무척 좋아했어요.

안 먹는 아이를 둔 부모님들께 한마디!

전 엄마가 편해야 아이도 편하다고 생각합니다. 아이가 안 먹어 매끼니 전전긍긍하며 한숨 쉬는 대신 아이들은 저마다의 속도로 자라고 있다는 걸 믿고 좀 더 편안한 마음으로 아이들과의 시간을 즐기길 바랍니다. 약간은 이기적으로 육아해도 돼요. 이 책의 다양한 레시피들이 숙제처럼 느껴져서 더 큰 부담이 되지 않았으면 좋겠어요. 맨밥에 달걀프라이 하나만 먹이더라도 죄책감 대신 아이와 웃으며 식사하는 여유를 가지기를, 아이를 위한 노력은 이미 차고 넘칠 정도로 해왔으니까 지금은 잠시 내려놓고 자기 자신을 위한 시간을 가지며 엄마가 먼저 행복해지길 진심으로 바랍니다. 엄마가 행복하면 아이도 행복해지는 법이니까요. 그게 체중을 조금 늘리는 것보다 훨씬 중요한 일이죠. 안 먹는 아이를 키우는 부모님의 행복한 육아를 마음 다해 응원해요.

안밥모 레시피를 처음 만나는 독자들에게

아이가 좋아하는 식재료 위주로 다양한 레시피들에 도전해보는 것도 괜찮겠지만, 이 책에 실린 레시피들은 모두 안밥모 회원님들이 안 먹는 아이들에게 한 입이라도 더 먹이려고 치열하게 고민한 결과물이고 또 아이들에게 반응이 좋았던 것들이니 아이가 좋아하지 않는 식재료라 하더라도 부담 없이 용기 있게 시도해보길 권합니다. 큰 기대 없이 일단 노출이나 시켜보려고 만들었다가 아이 반응이 좋았던 적도 종종 있었거든요. 그러면 기쁨이 두 배가 된답니다.

천천히 먹는 11개월 딸맘

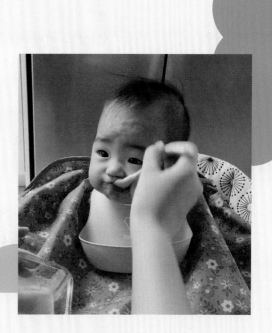

우리 집 '안밥이'를 소개해주세요.

자연분만으로 출산한 우주는 대변을 먹고 대이났어요. 출생 후에 자가호흡이 불안정해 신생아 빈호흡 진단을 받았답니다. 신생아실에서 호전되지 않아 태어난 지 며칠 뒤 상급 병원으로 옮겨져 일주일 동안 입원 치료를 받았습니다. 그로 인해 모유는 줄 수도 없었고 제 손으로 돌볼 수도 없었어요. 퇴원 수속할 때 아이가 너무 급하게 먹어 자주 사레들린다고 했어요. 막상 집에 데려오니 급하게 먹지는 않는데 빠는 힘이 부족한지 분유를 1시간에서 1시간 30분 동안 먹을 때가 많았어요. 그렇게 오래 먹었지만 막상 먹는 분유량은 적었지요. 문제가 있나 싶어서 검사도 해봤지만 아이는 이상이 없었어요. 젖꼭지 문제인가 싶어 젖꼭지 단계도 올려보고 했지만 먹는 속도는 같았어요. 양도 늘지 않았고요. 너무 답답해서 이것저것 검색하고 공부하며 버텼습니다.

〈안밥모〉 까페 레시피 중에 가장 큰 도움이 되었던 레시피에 관해 이야기해주세요.

우리 아이는 입자가 커지니 거부와 동시에 토를 했어요. 그래서 입자를 줄여줬는데 돌이 다가오니 안 되겠더라고요. 아이가 말을 못할 뿐 거부할 땐 이유가 있을 거라는 생각에 안밥모 레시피들을 찾아봤어요. 맛있게 다양하게 만들어서 아이가 좋아하는 걸 해주자 생각했지요. 철분 부족이 걱정되어 소고기는 오래 걸려도 먹여보자 싶었지만 아이가 힘들어하는 것 같아 포기할 때도 많았어요. 그러다가 안밥모 레시피 중 소고기달걀찜을 발견했어요. 레시피도 정말 간단했고 따라 해보기도 쉬웠어요. 달걀 거부는 없는 아이라 반신반의하면서 도전했는데 정말 잘 먹었어요. 너무 기뻐서 그날 아이를 얼마나 칭찬하고 예뻐해줬는지 몰라요.

안 먹는 아이를 둔 부모님들께 한마디!

저는 초산맘이라 아이를 낳을 걱정만 했지 먹는 걱정은 해본 적이 없어요. 당연히 우리 아이는 잘 먹을 거라고 생각했지요. 제가 안 먹는 아이를 낳을 줄은 꿈에도 몰랐답니다. 안 먹는 아이를 키운다는 건 정말 너무 힘든 일이에요. '언제쯤 빨리 먹어줄까', '잘 먹어줄까', '좀 크면 괜찮으려나'라고 생각하며 지냈죠. 잘 먹는 아이들과 비교하면 끝도 없어요. 우리 아이는 '천천히 먹는 아이구나', '조금 먹는 아이구나'라고 생각하며 매 끼니를 챙겨줍니다. 화날 때도 답답할 때도 많습니다. 하지만 아이들은 말을 못하니 행동으로나마 표현을 해야 되는데 그게 입을 안 연다던지 숟가락을 치는 행동이 아닐까 생각해요. 아직 저도 완전히 내려놓지는 못했지만 매 끼니 때마다 최선을 다하고 있어요. 건강한 아이, 튼튼한 아이로 키우고 싶은 게 모든 엄마들의 마음이잖아요. 안 먹는 아이를 둔 부모님들 같이 힘내요!

안밥모 레시피를 처음 만나는 독자들에게

이 책은 기존에 나와 있는 레시피 책들과는 다르다고 생각해요. 잘 먹는 아이들은 어떠한 음식을 해줘도 잘 먹는 반면, 안 먹는 아이들은 본인들이 선호하는 음식이 분명 있거든요. 이 책은 안 먹는 아이들을 위해 엄마들이 열심히 연구한 간편하지만 알찬 레시피들로 구성되어 있어요. 안 먹는 아이를 키우는 부모님들께 꼭 추천하고 싶은 책입니다. 저 또한 필요한 책이고요. 하나하나 만들어보고 아이가 잘 먹는 레시피를 바탕으로 좀 더 많은 요리를 도전해보세요!

가나다순 찾아보기

재료별 찾아보기

	1. 고기 요리	2. 아침 식사	3. 부드러운 요리	4. 바삭한 요리	
가지			가지무조림 142 소고기가지빵 146 가지스테이크 148	가지튀김 182	
감자	감자소고기전 68	바나나감자오트밀팬케이크 108 감자수프 114 감지호떡 120 소고기감자누룽지죽 126 감자수제비 132		쫀득감자전 192	
고구마		간편 고구마피자 112	고구마우유조림 158 고구마닭조림 168		
과일	사과떡갈비 48 살살녹는파인애플소불고기 50 사과오트밀고기전 64				
누룽지		게맛살누룽지죽 92 소고기감자누룽지죽 126			
단호박		단호박오트밀죽 94			
달걀	소고기달걀찜 82	토마토달걀컵구이 118 황금볶음밥 124 연두부스크램블에그 128 채소치즈프리타타 130	푸딩달걀찜 140 달걀밥찜 144		
닭고기	닭다리살케첩조림 60 한입 크기 닭안심팝콘튀김 66 닭다리살찜닭 72 에프 닭다리구이 76 밥솥 수비드 78		고단백 두부찜 166 고구마닭조림 168		
당근			연두부당근전 154	당근뢰스티 180	
당면					
도토리묵			도토리묵무침 162		
돼지고기	수제 스팸 70 요구르트수육 74		굴림만두 138	꼬마돈가스 178 오트밀스틱가스 186 시금치멘치가스 194	
된장	된장소스찹스테이크 84				
두부, 연두부	촉촉 소고기두부완자 46	단백질 폭탄 김밥 122 연두부스크램블에그 128 두부토스트 134	연두부당근전 154 간편 두부조림 156 고단백 두부찜 166	두부햄버그스테이크 172 두부꿔바로우 176 두부가스 188 에프 두부구이 190 두부맛탕 198	
들깨			들깨무나물 152		

	5.한 그릇	6.국 요리	7.힐링 요리	8.반찬	9.고열량 간식
가지	소고기가지볶음밥 214 소고기가지솥밥 216			가지볶음 340	
감자	호박감자면스파게티 228		감자두부들깨죽 304	단호박감자우유조림 324	감자버터구이 378
고구마	고구마치즈뇨끼 226			병아리콩조림 308 에프 채소구이 346	고구마잣스무디 376 고구마말랭이 386 고구마치즈호떡 390
과일	소고기파인애플필라프 244			메추리알배조림 320	복숭아병조림 394
누룽지			사골누룽지죽 298		
단호박				단호박감자우유조림 324	단호박치즈볼 368
달걀	토마토달걀볶음밥 210 달걀카레밥 218 채소달걀덮밥 238 게맛살달걀덮밥 240	달걀순두부국 258 달걀김국 264	달걀죽 292	어묵달걀전 338 달걀김전 350	10분 완성 달걀빵 366 리얼 달걀과자 388
닭고기	바질오일파스타 232		닭고기오트밀죽 284 닭다리백숙 302	닭다리살간장구이 310	안심땅콩잼말이 384
당근	당근물볶음밥 236		당근수프 300	당근김치 328 당근맛탕 348	
당면				원팬 아삭 숙주잡채 344	당면볶이 392
도토리묵					
도토리묵		돼지고기뭇국 260		대패목살양념갈비맛구이 318	
된장		소고기배추된장국 252			
두부, 연두부		달걀순두부국 258 순두부김국 268	감자두부들깨죽 304	두부카레구이 354	두부빵 382
들깨			감자두부들깨죽 304		

	1.고기 요리	2.아침 식사	3. 부드러운 요리	4.바삭한 요리	
땅콩버터		피넛버터토스트범벅 96			
떡		떡국 98			
또띠아		간편 고구마피자 112			
라이스페이퍼				라이스페이퍼김부각 200	
맛살		게맛살누룽지죽 92 게맛살밥와플 100			
매생이					
메추리알					
멸치				까슬까슬멸치까까 196	
명란		치즈명란파스타 110			
무			가지무조림 142 무나물 150 들깨무나물 152		
미역					
바나나	~	바나나감자오트밀팬케이크 108			
바질					
밤,잣					
밥새우				까슬까슬밥새우까까 196	
배추			배추볶음 164		
뱅어포				뱅어포튀김 204	
버섯류				팽이버섯전 184	

	5. 한 그릇	6. 국 요리	7. 힐링 요리	8. 반찬	9. 고열량 간식
땅콩버터				땅콩버터진미채볶음 326	안심땅콩잼말이 384
떡					
또띠아					
라이스페이퍼					안심땅콩잼말이 384
맛살	게맛살푸팟퐁커리 220 게맛살달걀덮밥 240				
매생이		매생이국 250			
메추리알				메추리알배조림 320 메추리알튀김 356	
멸치				단짠단짠 멸치볶음 312	
무		돼지고기뭇국 260 황태뭇국 266 오징어뭇국 270	꿀무즙 274		
미역		가자미미역국 254 볶지 않는 미역국 256			
바나나	바나나스파게티 224		바나나찹쌀죽 280		바나나튀김 372 아보카도바나나스무디 374 바나나쌀머핀 380
밤,잣	바질오일파스타 232		밤타락죽 278		짬뽕요거트 370 고구마잣스무디 376
밥새우					
배추		소고기배추된장국 252		달콤 배추전 342	
뱅어포					
버섯류	양송이새우리소토 212 팽이버섯덮밥 230		루 없이 만드는 양송이 수프 276	갈릭버터팽이버섯구이 334	

	1.고기 요리	2.아침 식사	3. 부드러운 요리	4.바삭한 요리	
새우		치즈명란파스타 110			
생선				순살생선강정 174	
소고기	소고기퓌레 42 바삭 고기칩 44 미트로프 52 아란치니 54 엄마가 만드는 수제 육포 56 라구소스 58 육전 62	소고기리소토 102 단백질 폭탄 김밥 122 소고기감자누룽지죽 126	소고기가지빵 146	두부햄버그스테이크 172 밥고로케 202	
소시지, 햄		스마일김밥 106			
시금치				시금치멘치가스 194	
식빵, 빵		피넛버터토스트범벅 96 퐁싱토스트 104			
아보카도					
애호박			부드러운 호박전 160		
어묵					
연근	소고기연근전 80				
오리고기					
오이					
오징어					
오징어진미채					
오트밀	사과오트밀고기전 64 소고기오트볼 86	단호박오트밀죽 94 바나나감자오트밀팬케이크 108		오트밀스틱가스 186	
옥수수					
요거트		요거트팬케이크 116			
우유		감자수프 114	고구마우유조림 158		

	5.한 그릇	6.국 요리	7.힐링 요리	8.반찬	9.고열량 간식
새우	양송이새우리소토 212 새우유산슬덮밥 222			새우김전 362	
생선		가자미미역국 254	가자미쌀죽 294	연어스테이크 352 종이 포일 생선구이 358 에프 파피요트 360	
소고기	시금치소고기덮밥 208 소고기가지볶음밥 214 소고기가지솥밥 216 소고기파인애플필라프 244	케첩비프스튜 248 소고기배주된장국 252 볶지않는미역국 256		부드러운 사태장조림 322	
소시지, 햄					
시금치	시금치소고기덮밥 208		시금치리소토 282		
식빵, 빵			빵수프 288		
아보카도					아보카도바나나스무디 374
애호박	호박감자면스파게티 228			애호박볶음 332	
어묵		어묵국 262		어묵달걀전 338	
연근					
오리고기	훈제오리고기볶음밥 234				
오이				한입에 쏙쏙 오이무침 330	
오징어		오징어뭇국 270		오징어볶음 336	
오징어진미채				땅콩버터진미채볶음 326	진미채튀김 396
오트밀			닭고기오트밀죽 284		
옥수수			초당옥수수밥 296		
요거트					짬뽕요거트 370
우유	양송이새우리소토 212		루 없이 만드는 양송이 수프 276 밤타락죽 278 시금치리소토 282 빵수프 288	단호박감자우유조림 324	아보카도바나나스무디 374 고구마잣스무디 376

	1.고기 요리	2.아침 식사	3. 부드러운 요리	4.바삭한 요리	
전복					
참치		채소참치죽 90			
치즈		치즈명란파스타 110 간편 고구마피자 112 채소치즈프리타타 130			
카레					
콩					
콩나물					
토마토	라구소스 58	토마토달걀컵구이 118			
파스타		치즈명란파스타 110			
핫케이크가루		요거트팬케이크 116	소고기가지빵 146		
황태					

	5.한 그릇	6.국 요리	7.힐링 요리	8.반찬	9.고열량 간식
전복			밥솥으로 만드는 전복죽 290		
참치					
치즈	고구마치즈뇨끼 226				단호박치즈볼 368 고구마치즈호떡 390
카레	달걀카레밥 218 게맛살푸팟퐁커리 220			두부카레구이 354	
콩			콩죽 286	병아리콩조림 308	
콩나물	5분 완성 전자레인지 콩나물밥 242			아삭아삭 콩나물무침 314	
토마토	토마토달걀볶음밥 210				
파스타	바나나스파게티 224 호박감자면스파게티 228 바질오일파스타 232				
핫케이크가루					10분 완성 달걀빵 366 두부빵 382
황태		황태뭇국 266		황태볶음 316	

밥태기 극복하는 네이버 대표카페
안밥모 히트 레시피

안밥모 베스트 유아식

초판 1쇄 발행 2023년 3월 24일
초판 12쇄 발행 2024년 12월 10일

지은이	이샘 최지은
펴낸이	이새봄
펴낸곳	래디시
디자인	여만엽
교정 교열	윤혜민

출판등록	제2022-000313호
주소	서울시 마포구 월드컵북로 400, 5층 21호
연락처	010-5359-7929
이메일	radish@radishbooks.co.kr
인스타그램	instagram.com/radish_books

ISBN 979-11-981291-3-0 (13590)
ⓒ 이샘, 2023

• 책값은 뒤표지에 있습니다.
• 잘못 만들어진 책은 구입하신 서점에서 교환해드립니다.
• 이 책은 저작권법에 따라 보호받는 저작물이므로 무단전재와 무단복제를 금합
  니다. 이 책의 전부 또는 일부를 이용하려면 반드시 사전에 저작권자와 래디시의
  서면 동의를 받아야 합니다.

'래디시'는 독자의 삶의 뿌리를 단단하게 하는 유익한 책을 만듭니다.
같은 마음을 담은 알찬 내용의 원고를 기다리고 있습니다.
기획 의도와 간단한 개요를 연락처와 함께 radish@radishbooks.co.kr로 보내주시기 바랍니다.